选对色彩有诀窍

配色

没有不好看的颜色
只有不好看的搭配

版式设计
从**入门**到**精通**

瞿颖健　主编

U0352621

化学工业出版社
·北京·

图书在版编目（CIP）数据

版式设计配色从入门到精通／瞿颖健主编．—北京：化学工业出版社，2018.1
ISBN 978-7-122-30161-1

Ⅰ．①版…　Ⅱ．①瞿…　Ⅲ．①版式－设计－配色
Ⅳ．① TS881

中国版本图书馆 CIP 数据核字（2017）第 165431 号

责任编辑：王　烨
责任校对：王　静　　　　　　　　　　　　装帧设计：刘丽华

出版发行：化学工业出版社（北京市东城区青年湖南街 13 号　邮政编码 100011）
印　　装：北京东方宝隆印刷有限公司
787mm×1092mm　1/16　印张 13 字数 273 千字　2018 年 1 月北京第 1 版第 1 次印刷

购书咨询：010-64518888（传真：010-64519686）　售后服务：010-64518899
网　　址：http://www.cip.com.cn
凡购买本书，如有缺损质量问题，本社销售中心负责调换。

定　　价：88.00 元

前言

版式设计，是在版面上有限的平面内，根据主题要求，运用美学知识，进行版面"点、线、面分割"，运用"黑、白、灰"视觉关系，色彩"明度、彩度、纯度"进行设计，结合文字、图片、布局等进行调整，设计出美观实用的版面。

本书按照版面设计的各大模块分为8章，分别为色彩达人必学知识、版式设计基础知识、了解基础色、版式设计的布局与色彩、版式设计的图片与色彩、版式设计的文字与色彩、版式配色的应用、综合版式配色。

在每一章都安排了大量的案例和作品赏析，所有案例都配有设计分析，在读者学习理论的同时，可以欣赏到优秀的作品，因此不会感觉枯燥。本书在最后对6个大型案例进行了作品的项目分析、案例分析、版式分析、配色方案的讲解，给读者一个完整的设计思路。通过对本书的学习，可以对版式设计、色彩搭配、理论依据这三方面都有非常大的提升，轻松应对工作。

编者在编写过程中以配色原理为出发点，将"理论知识结合实践操作"、"经典设计结合思维延伸"贯穿其中，愿作读者学习和提升道路上的"引路石"。

本书由瞿颖健主编。曹爱德、曹明、曹诗雅、曹玮、曹元钢、曹子龙、曹茂鹏、崔英迪、丁仁雯、董辅川、高歌、韩雷、鞠闯、李进、李路、马啸、马扬、瞿吉业、瞿学严、瞿玉珍、孙丹、孙芳、孙雅娜、王萍、王铁成、杨建超、杨力、杨宗香、于燕香、张建霞、张玉华等同志参加编写和整理。

由于水平所限，书中难免有疏漏之处，希望广大专家、读者批评斧正！

编者

目录

第 1 章

色彩达人
必学知识

Part One

Se Cai Da Ren Bi Xue Zhi Shi

♣ 1.1 认识色彩

提到色彩，自然都不会觉得陌生。睁开眼睛看到的就是五颜六色的世界，蓝色的天空、绿色的草地、黄色的落叶、红色的花朵。色彩给人们带来的是直观的视觉感受，然而，你知道色彩究竟是什么吗？

色彩其实是通过眼、大脑和我们的生活经验所产生的一种对光的视觉效应。为什么这样说呢？因为一个物体的光谱决定了这个物体的颜色，而人类对物体颜色的感觉不仅仅由光的物理性质所决定，也会受到周围颜色的影响。所以，色彩感觉不仅与物体本来的颜色特性有关，而且还与所处的时间、空间、外表状态以及该物体的周围环境有关，甚至还会受到个人的经历、记忆力、看法和视觉灵敏度等各种因素的影响。例如，随着光照和周围环境的变化，我们视觉所看到的色彩也发生了变化。

♣ 1.2 色彩能够做什么

说到色彩的作用，很多人可能就会说：色彩嘛，就是用来装饰物体的。其实色彩的作用却不仅如此呢！很多时候色彩的运用会直接影响到信息的判断、主题是否鲜明、思想能否正确传达、画面是否有感染力等问题。

1.2.1 识别判断

色彩给人类带来的影响是非常大的，不仅会留下印象，还会影响人们的判断力。例如看到棕色和肉色，则会联想到人体的皮肤。

看到红色的苹果会觉得它是成熟的、甜的，而绿色的苹果则会觉得它是生的、涩的。

1.2.2　衬托对比

在画面中使用互补色的对比效果，可以使前景物体与背景相互对比明显，将前景物体衬托得更加突出。例如画面的主体为番茄，而背景同样为红色调时番茄并不突出，当背景变为互补色绿色时，番茄会显得格外鲜明。

1.2.3　渲染气氛

提起黑色、深红、墨绿、暗蓝、苍白等颜色，你会想到什么，是午夜噩梦中的场景，还是恐怖电影的惯用画面，或是哥特风格的阴暗森林。想到这些颜色构成的画面会让人不寒而栗。的确，很多时候人们对于色彩的感知远远超过事物的具体形态，因此为了营造某种氛围就需要从色彩上下功夫。例如在画面中大量使用青、蓝、绿等冷色时，能够表现出阴沉、寂静的氛围。使用黄、橙、红等暖调颜色时，更适合表现欢快、美好的氛围。

1.2.4　修饰装扮

在画面中添加适当的搭配颜色，可以起到修饰和装扮的作用，从而使单调的画面变得更加丰富。例如，主体物后方的背景为绿色时画面显得较为单一，而背景物为彩色时画面显得更加精彩。

♣ 1.3　色彩的三大属性

就像人类有性别、年龄、人种等可判别个体的属性一样，色彩也具有其独特的三大属性：色相、明度、纯度。任何色彩都有色相、明度、纯度三个方面的性质，这三种属性是界定色彩感官识别的基础。灵活地应用三属性变化也是色彩设计的基础，通过色彩的色相、明度、纯度的共同作用才能更加合理地达到某些目的或效果作用。"有彩色"具有色相、明度和纯度三个属性，"无彩色"只拥有明度。

1.3.1　色相

色相就是色彩的"相貌"，色相与色彩的明暗无关，是区别色彩的名称或种类。色相是根据该颜色光波长短划分的，只要色彩的波长相同，色相就相同，波长不同才产生色相的差别。例如，明度不同的颜色但是波长处于 780 ～ 610nm 范围内，那么这些颜色的色相都是红色。

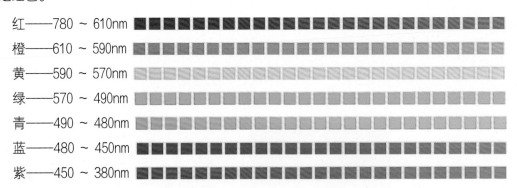

红——780 ～ 610nm
橙——610 ～ 590nm
黄——590 ～ 570nm
绿——570 ～ 490nm
青——490 ～ 480nm
蓝——480 ～ 450nm
紫——450 ～ 380nm

说到色相就不得不了解一下什么是"三原色"、"二次色"以及"三次色"。三原色是三种基本原色构成，原色是指不能通过其他颜色的混合调配而得出的"基本色"。二次色即"间色"，是由两种原色混合调配而得出的。三次色即是由原色和二次色混合而成的颜色。

原　色：
　　　　红　蓝　黄

二次色：
　　　　橙　绿　紫

三次色：
　　　　红橙　黄橙　黄绿　蓝绿　蓝紫　红紫

"红、橙、黄、绿、蓝、紫"是日常中最常听到的基本色，在各色中间加插一两个中间色，其头尾色相，即可制出十二个基本色相。

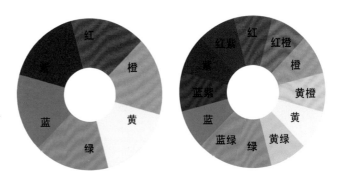

在色相环中，穿过中心点的对角线位置的两种颜色是相互的互补色，即角度为 180°的时候。因为这两种色彩的差异最大，所以当这两种颜色相互搭配并置时，两种色彩的特征会相互衬托得十分明显。补色搭配也是常见的配色方法。

红色与绿色互为补色，紫色和黄色互为补色。

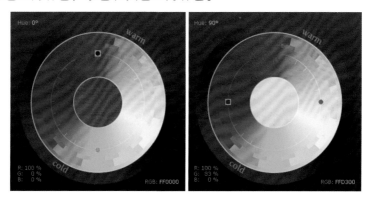

1.3.2　明度

明度是眼睛对光源和物体表面的明暗程度的感觉，主要是由光线强弱决定的一种视觉经验。明度也可以简单地理解为颜色的亮度。明度越高，色彩越白越亮，反之则越暗。

高明度　　　　中明度　　　　低明度

色彩的明暗程度有两种情况，即同一颜色的明度变化和不同颜色的明度变化。不同的色彩也都存在明暗变化，其中黄色明度最高，紫色明度最低，红、绿、蓝、橙色的明度相近，为中间明度。同一色相的明度深浅变化效果如下图所示。

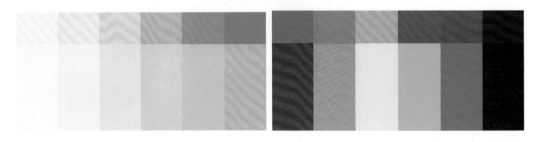

使用不同明度的色块可以帮助表达画面的感情。在不同色相中的不同明度效果，以及在同一色相中的明度深浅变化效果，如下图所示。

1.3.3　纯度

纯度是指色彩的鲜浊程度，也就是色彩的饱和度。物体的饱和度取决于该物体表面选择性的反射能力。在同一色相中添加白色、黑色或灰色都会降低它的纯度。有彩色与无彩色的加法如下所示。

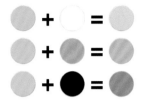

色彩的纯度也像明度一样有着丰富的层次，使得纯度的对比呈现出变化多样的效果。混入的黑、白、灰成分越多，则色彩的纯度越低。以红色为例，在加入白色、灰色和黑色后其纯度都会随着降低。

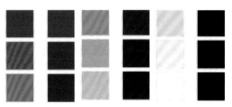

高纯度　　　　中纯度　　　　低纯度

在设计中可以通过控制色彩纯度的方式对画面进行调整。纯度越高，画面颜色效果越鲜艳、明亮，给人的视觉冲击力越强；反之，色彩的纯度越低，画面的灰暗程度就会增加，其所产生的效果就更加柔和、舒服。如下图所示，高纯度给人一种艳丽的感觉，而低纯度给人一种灰暗的感觉。

♣ 1.4　色彩的心理感受

色彩是神奇的，它不仅具有独特的三大属性，还可以通过不同属性的组合给人们带来冷、暖、轻、重、缓、急等不同的心理感受。色彩的心理暗示往往可以在悄无声息的情况下对人们产生影响，在进行作品设计时将色彩的原理融合于整个作品中，可以让设计美观而舒适。色彩不仅可以让你感受到凉爽、甜蜜，还能感受到恐惧、信任，甚至是拂面的微风，不相信？下面就来了解一下色彩的魔力吧！

1.4.1　色彩是有重量的

其实颜色本身是没有重量的，但是有些颜色使人感觉到重量感。例如，同等重量的白色与蓝色物体相比，会感觉蓝色更重些；若再与同等的黑色物体相比，黑色则会看上去更重。

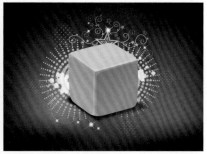

1.4.2　色彩的冷暖

色彩有冷暖之分。色相环中绿一边的色相称冷色，色环中红一边的色相称暖色。冷色使人联想到海洋、天空、夜晚等，传递出一种宁静、深远、理智的感觉。所以在炎热的夏天，在冷色环境中会感觉到舒适。暖色则使人联想到太阳和火焰等，给人们一种温暖、热情、活泼的感觉。

1.4.3　前进色和后退色

色彩具有前进色和后退色的效果，有的颜色看起来向上凸出，而有的颜色看起来向下凹陷，其中显得凸出的颜色被称为前进色，而显得凹陷的颜色被称为后退。前进色包括红色、橙色等暖色；而后退色则主要包括蓝色和紫色等冷色。同样的图片，红色会给人更靠近的感觉。

♣ 1.5　颜色搭配的基本原则

刚接触色彩搭配时，可能为了使画面更加丰富而使用过多的颜色，这样就会出现画面颜色多而杂的情况。既难以把握颜色之间的关系，又无法使画面产生协调、整体的效果，而使用较少的颜色不仅容易达到自然和谐的效果，而且在处理时也容易得多。

人们在理解颜色的时候一般以色相做区分，如果画面颜色太多会给人一种凌乱、没有主体的感觉。虽然色彩斑斓的颜色更容易吸引人的注意力，但是真正能给人留下深刻印象的画面则是那些颜色搭配合理、色彩构成简单的作品。

标志是典型的两色、三色搭配的载体。标志主要由简洁的图形组成，所以标志设计一直提倡使用两色、三色进行色彩搭配。虽然现在也有出奇制胜的多彩标志设计，但是不成功的案例还是占大多数的。这是因为在狭窄的空间中，色彩越多，颜色越不好控制。

服装搭配不仅仅是款式的搭配，更重要的是颜色搭配。"从头到脚颜色不宜超过三种"这是服装设计师经常挂在嘴边的话。这句话的含义显而易见，就是说，在衣服颜色搭配中，整体颜色不宜超过三种。因为颜色太多会给人一种都是重点的感觉，众所周知，重点太多就等于没有重点。颜色太多还会给人一种过于凌乱、不和谐、不舒服的感觉。

♣ 1.6 主色、辅助色、点缀色的关系

在版面中颜色分为主色、辅助色和点缀色三种，它们相辅相成，关联密切。

✎ 主色是占据作品色彩面积最多的颜色。

✎ 辅助色是与主色搭配的颜色。

✎ 点缀色是用来点缀画面的颜色。

☛ 以什么样的颜色为主色，搭配什么样的颜色，点缀什么样的颜色都是有学问的，通过对本章的学习，让我们共同来学习主色、辅助色和点缀色的关系。☚

1.6.1 主色

主色是占据作品色彩面积最多的颜色。主色决定了整个作品的基调和色系。其他的色彩如辅助色和点缀色，都将围绕主色进行选择，只有辅助色和点缀色能够与主色协调时，作品整体看起来才会和谐和完整。

☑ 画面以红色为主色调，白色和藏青色为辅助色。白色有提亮画面整体色调的作用，藏青色有稳定画面颜色的作用。

| 0,80,76,42 | 0,0,0,16 | 66,49,0,70 |

1.6.2 辅助色

辅助色是为了辅助和衬托主色而出现的，通常会占据作品的 1/3 左右。辅助色一般比主色略浅，否则会产生喧宾夺主和头重脚轻的感觉。

☑ 画面以紫色为主色调，使用浅玫瑰红作为辅助色。作品整体色调温馨浪漫，富有格调。

| 32,88,0,65 | 37,34,0,24 | 0,39,47,31 | 0,35,21,13 |

1.6.3 点缀色

点缀色是为了点缀主色和辅助色出现的，通常只占据作品很少的一部分。点缀色的面积虽然比较小，但是作用很大。良好的主色和点缀色的搭配，可以使作品的某一部分突出或使作品整体更加完美。

☑ 作品利用邻近色的配色原理进行配色，大面积的绿色让人觉得眼前一亮，加上白色的茶包，黄色的柠檬进行点缀，起到了画龙点睛的作用。

| 23,0,54,21 | 5,0,18,8 | 0,0,0,99 | 0,10,92,13 |

♣ 1.7　色彩的对比

两种或两种以上的颜色放在一起，由于相互影响的作用，产生的差别现象称为色彩的对比。色彩的对比分为明度对比、纯度对比、色相对比、面积对比和冷暖对比。

✎ 明度对比：明度对比就是色彩明暗程度的对比。

✎ 纯度对比：纯度对比是指因为颜色纯度差异产生的颜色对比效果。

✎ 色相对比：色相对比是两种或两种以上色相之间的差别产生的对比。

✎ 面积对比：面积对比是在同一画面中因颜色所占的面积大小产生的色相、明度、纯度、冷暖产生的对比。

✎ 冷暖对比：由于色彩感觉的冷暖差别而形成的色彩对比称为冷暖对比。

☞ 美是春天阳光下那一片嫩绿的小树林，美是夏日窗前那一树悄然绽放的紫丁香，美是秋天里随风飞舞的黄叶，美是冬日落在手心里的那几朵洁白雪花…… 世界因为有了色彩而美丽，色彩因为有了对比而生动。☜

1.7.1　明度对比

明度对比就是色彩明暗程度的对比，也称为色彩的黑白对比。明度按序列可以分为三个阶段：低明度、中明度、高明度。在色彩中，柠檬黄的明度最高，蓝紫色的明度低，橙色和绿色属于中明度，红色与蓝色属于中低明度。

低明度　　　　　　中明度　　　　　　高明度

❖ 作品以低明度为色彩基调，这样的色调给人一种阴暗、诡异的感觉，与画面内容产生共鸣。

❖ 灰色是很典型的中明度基调，中明度颜色基调常常给人一种质朴、稳重的感觉。

❖ 作品为高明度色彩基调，这样的色彩基调会给人一种年轻、活力的感觉。

❖ 相同的灰色，在白色背景中，画面的整体明度最高。

❖ 在不同明度的背景下，黄色在白色背景下最醒目、耀眼，画面整体明度也最高。

1.7.2　纯度对比

纯度对比是指因为颜色纯度差异产生的颜色对比效果。纯度对比既可以体现在单一色相的对比中，也可以体现在不同色相的对比中。通常将纯度划分为三个阶段：高纯度、中纯度和低纯度。

高纯度	中纯度	低纯度

❀ 画面中颜色纯度较高，高纯度的色彩对比给人一种利落、醒目的感觉。

❀ 中纯度的色彩对比给人一种温柔、安静的感觉，让人平静、放松。

❀ 低纯度的色彩对比给人一种朦胧、模糊的感觉。

❀ 颜色纯度不同，产生的视觉效果也不同。

❀ 相同的黄色在不同纯度蓝色背景的衬托下产生的视觉效果也不尽相同。

1.7.3　色相对比

色相对比是两种或两种以上色相之间的差别。当画面主色确定之后，就必须考虑其他色彩与主色之间的关系。色相对比中通常有邻近色对比、类似色对比、对比色对比、互补色对比。

（1）邻近色对比　邻近色就是在色环中相邻近的两种颜色。在色彩搭配中邻近色的色相、色差的对比都是很小的，这样的配色方案对比弱、画面颜色单一，经常借助明度、纯度来弥补不足。

✎ **案例解析**：作品以红褐色为主色调，通过邻近色的相互搭配，再加上白色的调和，使画面颜色变化丰富，层次分明。

✌ **案例拓展**：

高明度邻近色对比　低明度邻近色对比

（2）类似色对比　在色环中相隔30°～60°左右的色相对比为类似色，在配色时先将主色确定，然后使用小面积的类似色进行辅助。这样配色的特点主要是耐看、色调统一又变化丰富。

✎　**案例解析**：作品以绿色为主色调，添加青色和蓝色起到了辅助的作用。以类似色对比的方法进行配色，使画面色彩倾向明显，和谐又富有变化。

✌　**案例拓展**：

高明度类似色对比　低明度类似色对比

（3）对比色对比　在色环中两种颜色相隔120°左右为对比色。对比色给人一种强烈、鲜明、活跃的感觉。

中纯度对比色对比　　低纯度对比色对比

✎　**案例解析**：作品以红色与黄色为对比色，使画面产生一种强烈、激情的感觉。画面中的黑色为辅助色，起到调和、稳定的作用。

✌　**案例拓展**：

（4）互补色对比　在色环中相差180°左右为互补色。这样的色彩搭配可以产生一种强烈的刺激作用，对人的视觉具有最强的吸引力。

低纯度对比色对比　高纯度对比色对比

✎ **案例解析：**作品中冷色调的蓝色与暖色调的黄色为互补色，这样的搭配给人一种鲜明、醒目、提示的感觉。

✂ **案例拓展：**

1.7.4　面积对比

面积对比是在同一画面中因颜色所占的面积大小产生的色相、明度、纯度、冷暖产生的对比。

相同颜色的橙色在画面中所占面积不同，导致画面颜色纯度也不同。

✎ **案例解析：**作品以大面积的洋红色作为主调，奠定了画面颜色基础，使画面倾向于暖色调。由于颜色的纯度很高，给人强烈的视觉冲击力。

✂ **案例拓展：**

黄色在画面中所占面积不同，导致画面产生的冷暖对比也不同。

1.7.5 冷暖对比

由于色彩感觉的冷暖差别而形成的色彩对比称为冷暖对比。冷色和暖色是一种色彩感觉，画面中的冷色和暖色的分布比例决定了画面的整体色调，即暖色调和冷色调。不同的色调也能表达不同的意境和情绪。

案例解析： 黄色为暖色调，蓝色为冷色调，冷色调给人一种寒冷、孤独的感觉，暖色调给人一种力量、希望的感觉，冷暖色搭配得当可以使画面产生较强的视觉冲击力。

案例拓展：

高纯度冷色与相同暖色的对比效果   低纯度冷色与不同暖色的对比效果

第 2 章

版式设计基础知识

Part Two

Ban Shi She Ji Ji Chu Zhi Shi

♣ 2.1 构成版式的要素

虽然看起来构成版式的元素非常多，但事实上在进行版式设计时我们只需要把握以下几个要素即可。

✎ 布局：版式布局是整体设计思路的体现。

✎ 色彩：色彩是奠定版面信息传达基调的重要途径。

✎ 文字：文字是信息传达的重要方式。

✎ 图片 \ 图形：传达信息、美化版面。

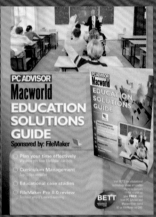

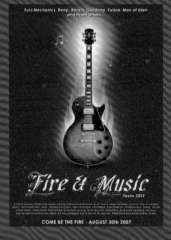

☞ 版式设计是指在有限的版面空间中，将文字、图片、线条、色块、肌理以及空间构造等元素，根据内容的特定需要进行组合排列，并以视觉形式表达出来。🕊

2.1.1 布局

版式的布局决定了版式设计的核心，是整体设计思路的体现。版式布局的类型有很多，常见的有骨骼型、满版型、分割型、中轴型、曲线型、倾斜型、中间型等。例如"骨骼型"就是一种规范的、理性的分割方法，而"满版型"则是以图像充满整版，视觉传达直观而强烈。

2.1.2 色彩

色彩是物体展示给人们最直观的视觉感受，其影响力远远超出文字传达的信息。在版式设计中色彩不仅仅起到装饰作用，更是构成版面的重要组成部分。进行版面设计时色彩的搭配也是仅次于布局的要素。

2.1.3 文字

无论是在广告设计还是书籍排版文字都是传达信息的重要方式，文字的设计、编排、组合都是版式设计中的难点。在版面的设计中通过调整字体、字号、字距、行距等属性就能产生截然不同的画面效果。

2.1.4　图片 / 图形

版面设计中经常会使用到图片素材或者几何图形，有时是作为画面的背景，有时则是为了突出主题。版面中的图片可以是单个也可以是多个。不同大小、数量、位置的图片编排也会产生不同的视觉冲击效果。

♣ 2.2 构成版式的点、线、面

版面是由点、线、面相互结合、相互作用而成的，不同的组合方式给人不同的心理感受。

- ✎ 点：点分为密集和分散两种类型。
- ✎ 线：线是有情感、有韵律的。
- ✎ 面：面分为有规则和无规则。
- ✎ 点线面的混排：一个完整的版面是由点、线、面有机结合而成的。

☞ 时间一点一点地流逝积攒成生命的轨迹，不同的时间遇见不同的人和事，这就构成了人生。版式亦是如此，点的串联形成了线，线的累积形成了面，点、线、面相结合就构成了一幅完美的画面。☜

2.2.1 点

"点"是相对而言的对象，越小的元素越容易被认为是点。在版式中，点分为密集和分散两种类型。

（1）密集型 密集型就是将数量众多的点进行疏密有致的排列，以聚拢的排列方式形成的构图形式。

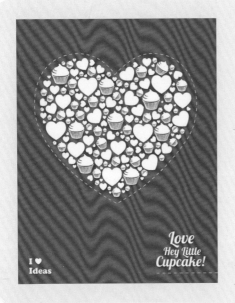

✏️ **案例解析：** 作品将点密集地集中在一起形成了一个心形的图案，给人一种形式美感。

🖊️ **配色分析：** 作品以洋红色为主色调，以白色为辅助色，这样的色彩搭配简单、明了。

✌️ **案例拓展：**

（2）分散型 分散型的排版方式是将点有机地在版面中进行分散。将点进行分散排列，很多时候是用来进行装饰版面的。

✏️ **案例解析：** 点作为一种视觉元素，有平衡、强调、突出的作用。在作品中点的应用不仅起到了强调作用，还起到了装饰的作用。

🖊️ **配色分析：** 作品采用冷色调的配色方案，白色和青色为点缀色，提高了画面的明度。

✌️ **案例拓展：**

2.2.2 线

点动成线，在设计中，线的影响力远远大于点。线可以为画面带来韵律，可以串联不同的视觉元素，还可将版面进行分割。也可以说线是有情感、有韵律的。

（1）线的情感　线是有情感的，直线给人一种刚硬有力、犀利、庄重的感觉；弯曲的线给人一种柔美、优雅的感觉。在版面中线的添加要根据作品的自身特点合理运用。

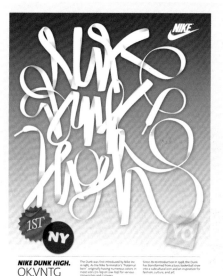

✐ **案例解析：**作品中将线弯曲排列，给人一种流畅、优美的感觉，使整个满版呈现出一种动态。

✎ **配色分析：**作品以中明度的灰色为背景，给人一种平和的感觉，白色的前景提高了画面整体的明度。适当添加紫色、洋红和黄色起到了活跃、装饰的作用。

✌ **案例拓展：**

（2）线的韵律　线也是有韵律的，线在版面中大小、方向、颜色的不同变换使画面产生不同的韵律。

✐ **案例解析：**作品中彩色的线条使画面产生动感，给人一种年轻、活力的感觉。

✎ **配色分析：**中明度的浅灰色保证了作品的明度，前景中的黑色起到稳定的作用，多彩的线条起到了装饰、吸引人注意的作用。

✌ **案例拓展：**

2.2.3 面

面在版面中所占的空间最大,所以视觉效果比点和线都要强烈。面有规则和不规则之分,规则的面有正方形、长方形、圆形、梯形等。通过规则面的相互加减组成不同的不规则面。

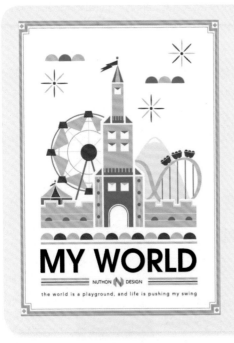

案例解析:作品将规则和不规则的面进行合理摆放组成一个图案,给人一种整体、规整的感觉。

配色分析:作品整体明度较高,以低纯度的蓝色为主色调,以高纯度的红色为辅助色,这样的色彩搭配给人一种活泼、干净的感觉。

案例拓展:

2.2.4 点线面的混排

一个完整的版面其实是由多个点、线、面的对象有机地结合而成。点的流动形成了线,线的密集排列就成了面。在编排版式时,要根据版面中各种元素的比例适当地添加点、线、面。

案例解析:线的密集排列形成了面,点的添加使画面增加了空间感。

配色分析:作品整体明度较低,颜色也很单一,这样的色彩搭配给人一种稳重、庄严的感觉。

案例拓展:

单向视觉流程 \ 曲线视觉流程 \ 重心视觉流程 \ 导向性视觉流程 \ 反复视觉流程

　　视觉流程是指视线的空间运动。当人的视线接触到版面中，视线会随着各种视觉元素在版面中沿一定轨迹进行运动。在版面中要使用不同的元素，在遵循特有的运动规律的前提下，引导读者随着设计元素进行组织有序、主次分明的阅读和观看。

　　✎ 单向视觉流程：按照常规的视觉流程规律，引导读者的一种视觉走向。

　　✎ 曲线视觉流程：随着画面中的弧线或回旋线进行的视觉运动。

　　✎ 重心视觉流程：将版面中的某一点作为视觉中心，以达到吸引视线的目的。

　　✎ 导向性视觉流程：是设计师在设计上采用的一种手法，引导读者视线流动。

　　✎ 反复视觉流程：以相同的或者相似的元素反复排列在画面中，在视觉上给人一种重复感。

　　☞ 人的视线像空中飘浮的羽毛，风向哪里，羽毛就吹向哪里。在版式中，设计师应该用自己独特的智慧去安排版面，去吸引、去引导人的视线。在本节中将会学习版式的视觉流程，通过对该知识点的学习，使版式设计更具吸引力。☜

2.3.1　单向视觉流程

　　单向视觉流程是按照常规的视觉流程规律引导读者的一种视觉走向，使版面中的视觉走向更加简洁明了。　一般情况下单向视觉流程分为三个种类，分别是直线式视觉流程、横向式视觉流程和倾斜式视觉流程。

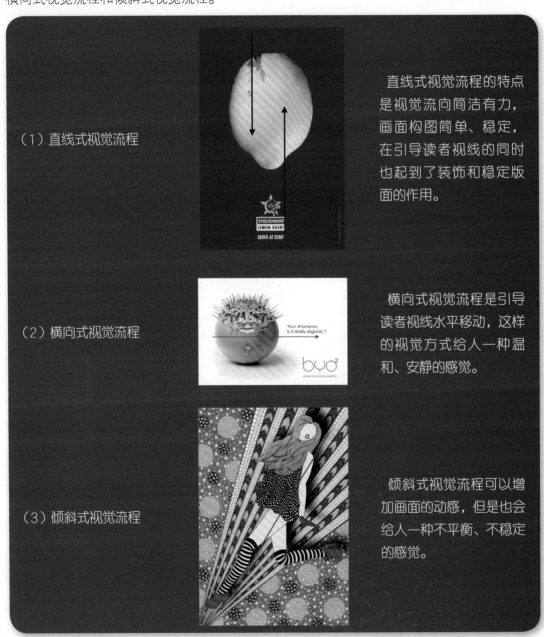

（1）直线式视觉流程

　　直线式视觉流程的特点是视觉流向简洁有力，画面构图简单、稳定，在引导读者视线的同时也起到了装饰和稳定版面的作用。

（2）横向式视觉流程

　　横向式视觉流程是引导读者视线水平移动，这样的视觉方式给人一种温和、安静的感觉。

（3）倾斜式视觉流程

　　倾斜式视觉流程可以增加画面的动感，但是也会给人一种不平衡、不稳定的感觉。

2.3.2　曲线视觉流程

　　曲线视觉流程是随着画面中的弧线或回旋线进行的视觉运动。这样的视觉特点是可以使版面产生一种微妙的韵律感和曲线美感，使整个版面更加活跃和流畅。

✎ **案例解析：** 当人的视线落到作品中时首先被标题所吸引，然后会看创意的摄影作品，最后会看左下角的文字，这样的视觉流程给人一种迂回的感觉。

✐ **配色分析：** 以中明度的灰作为背景颜色，前景中以白色为主色，这样的配色既保证颜色稳重的特点，也保证画面明度不会过低。

✌ **案例拓展：**

2.3.3　重心视觉流程

在版式中视觉重心就是指整个版面最吸引人的位置。在版式设计中要根据版面所表达的含义来决定视觉重心的位置，这样才能更好地、更准确地传达信息。

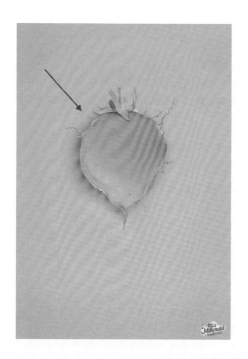

✎ **案例解析：** 作品的视觉重心位于页面的中央位置，在整个版面中只有两种元素，简洁、生动，增加人的记忆效果。

✐ **配色分析：** 作品使用邻近色的配色方案，通过明度、纯度的变换使画面层次分明，使用小面积的绿色和蓝色进行点缀，起到了丰富版面颜色的作用。

✌ **案例拓展：**

2.3.4　导向性视觉流程

导向性视觉流程就是设计师在设计上采用的一种手法，可以引导读者按照自己的思路贯穿整个版面，形成一个整体的、统一的画面。

案例解析：作品制作成将右下角拉开的效果，引导人的视线向右下角流动。

配色分析：作品整体色调为暖色调，给人一种温暖、安静的感觉。

案例拓展：

2.3.5　反复视觉流程

将相同的或者相似的元素反复排列在画面中，在视觉上给人一种重复感。这样的视觉流程既可以增加图案的识别性，还可增加画面的动感。

案例解析：将商品有机地排列给人一种重复、强调的感觉。设计者通过这种重复感觉增加了画面的识别性。

配色分析：作品为暖色调，整体明度偏高。给人一种活泼、阳光的感觉。

案例拓展：

♣ 2.4 版式设计的基本程序

在对版式进行设计之初，首先要对该项目有一个全面、清晰的认知，了解版式设计的基本流程，可以有效、顺利地开展设计工作。

（1）明确设计项目

在设计之初，我们应该首先了解所要设计的项目是什么，然后才能围绕这个项目去考虑表现方式、色彩的搭配和版式的布局。只有明确设计项目，才能够紧扣设计主题，使艺术表现发挥到极致。

轮胎海报设计	餐厅网页设计

（2）明确传播信息内容

版式设计的首要任务是准确地传达信息。在对文字、图形和色彩进行组合的过程中，要做到精准、清晰地传递信息。只有明确传播信息内容，这个版式才有存在的意义。

在该作品中，将面条制作成虾的形状，从这个设计中可以让观者了解这是一款鲜虾口味的方便面海报	该作品采用图文混排的方式，时尚的图片内容和图片自由、随性的图片摆放方式，给人一种轻松、愉快的感觉

（3）定位受众群体

正所谓众口难调，每一个设计作品不可能受到所有人的好评，那么我们就可以根据阅读人群去定位版式的风格，去迎合他们的喜好。如果读者是老年人，那么中规中矩的版式以及较大的字号是他们喜欢的；如果读者是儿童，那么颜色可爱、风格多变的版式则更受欢迎。所以，在进行设计之前，根据受众人群去选择版式的风格是一个十分重要的环节。

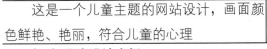

这是一个儿童主题的网站设计，画面颜色鲜艳、艳丽，符合儿童的心理	该作品是一个化妆品的网页设计，柔和的粉色调非常迎合年轻女孩的口味

（4）明确设计宗旨

设计宗旨是一幅作品的灵魂，当设计师通过艺术表现形式去传递信息时，还要考虑观者能否理解、感悟并记忆其传递的信息，这一步直接影响到信息传递效果，是整个设计流程中十分重要的环节。

在该作品中，通过瓶子的剪影和版面下方的LOGO可以判定这是一个可口可乐的海报	在该作品中商品位于画面的中心位置，非常直白地传递了网页的宗旨

（5）设计流程

在当代，版式设计通常利用电脑进行表现，被称之为"制图"。在制图前需要有一个设计流程，这样做的目的是发现问题和漏洞，提高工作效率。

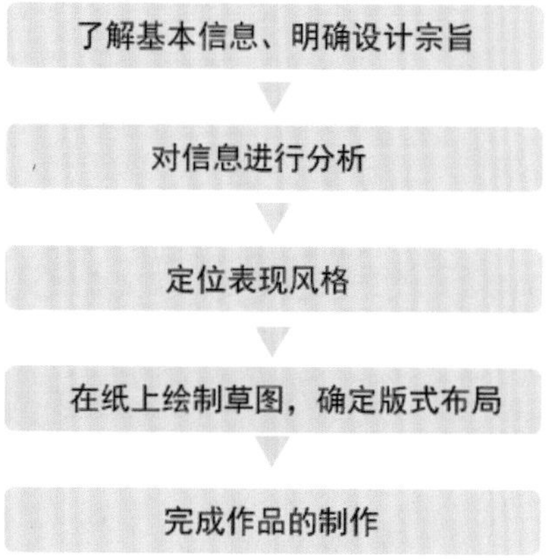

了解基本信息、明确设计宗旨

▼

对信息进行分析

▼

定位表现风格

▼

在纸上绘制草图，确定版式布局

▼

完成作品的制作

第 3 章

了解
基础色

Part Three

Liao Jie Ji Chu Se

认识基础色是版式设计色彩运用的前提，包括对红、橙、黄、绿、青、蓝、紫、黑、白、灰的认识。

✐ 红色：警告 / 大胆 / 娇媚 / 富贵 / 典雅 / 温柔 / 可爱 / 积极 / 充实 / 柔软
✐ 橙色：收获 / 生机勃勃 / 美好 / 轻快 / 开朗 / 天真 / 纯朴 / 雅致 / 古典 / 坚硬
✐ 黄色：华丽 / 刺激 / 柔和 / 简朴 / 耀眼 / 酸甜 / 轻快 / 乡土 / 田园 / 温厚
✐ 绿色：无拘束 / 新鲜 / 自然 / 茁壮 / 诚恳 / 安心 / 和谐 / 希望 / 痛快 / 和平
✐ 青色：坚强 / 开阔 / 古朴 / 淡雅 / 整洁 / 轻松 / 希望 / 鲜艳 / 依赖 / 清爽
✐ 蓝色：清凉 / 深远 / 爽快 / 镇定 / 纯粹 / 理智 / 纪律 / 庄重 / 格调 / 清凉
✐ 紫色：优雅 / 温柔 / 浪漫 / 高尚 / 神圣 / 思虑 / 可爱 / 怀日 / 萌芽 / 诡异
✐ 黑色：黑暗 / 严肃 / 神秘 / 低沉
✐ 白色：干净 / 整洁 / 朴素 / 光明
✐ 灰色：高雅 / 尖锐 / 时尚 / 低调

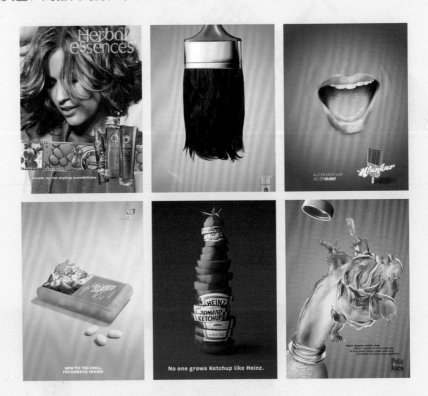

☛ 颜色是有生命的，或开心、或忧郁、或沉着、或浮华，设计师可以通过颜色来表达作品的情感。☚

3.1 红

红色： 红色是生命崇高的象征，它总会让人联想到炽烈似火的晚霞，熊熊燃烧的火焰，还有浪漫柔情的红色玫瑰。它似乎有一种神秘的力量总是可以凌驾于一切色彩之上，这是因为人眼的晶状体要对红色波长调整焦距，它的自然焦距在视网膜之后，因此产生了红色事物较近的视觉错误。

正面关键词： 热情、活力、兴旺、女性、生命、喜庆。

负面关键词： 邪恶、停止、警告、血腥、死亡、危险。

洋红	胭脂红	玫瑰红
0,100,46,19	0,100,70,16	0,88,57,10
朱红	猩红	鲜红
0,70,82,9	0,100,92,10	0,100,93,15
山茶红	浅玫瑰红	火鹤红
0,59,50,14	0,44,35,7	0,27,27,4
鲑红	壳黄红	浅粉红
0,36,44,5	0,20,27,3	0,9,12,1
博朗底酒红	枢机红	威尼斯红
0,75,56,60	0,100,76,36	0,96,90,22
宝石红	灰玫红	优品紫红
0,96,59,22	0,41,35,24	0,32,15,12

应用实例：

❖ 红色与黄色相搭配不仅体现了商品的特点，还使这张海报更具吸引力。

❖ 利用相近色的配色原理，使画面色调统一又富有变化。

❖ 作品主色调与商品色调一致，黄色的添加起到突出的作用，适当地添加黑色线条不仅活跃了版面的气氛，还起到了稳定颜色基调的作用。

3.2 橙

橙色：橙色是让人温暖、喜悦的颜色，当人们看见橙色总会联想到丰收的田野，漫山的黄叶，成熟的橘子等美好的事物。亮橙色让人感觉刺激、兴奋，浅橙色使人愉快。橙色也是年轻、活力、时尚、勇气的象征。

正面关键词：温暖、兴奋、欢乐、放松、舒适、收获。

负面关键词：陈旧、隐晦、反抗、偏激、警戒、刺激。

橘	柿子橙	橙
0,64,86,8	0,54,74,7	0,54,100,7
阳橙	热带橙	蜜橙
0,41,100,5	0,37,77,5	0,22,55,2
杏黄	沙棕	米
0,26,53,10	0,9,14,7	0,10,26,11
灰土色	驼色	椰褐
0,13,32,17	0,26,54,29	0,52,80,58
褐色	咖啡色	橘红色
0,48,84,56	0,29,67,59	0,73,96,0
肤色	赭石	酱橙色
0,22,56,2	0,36,75,14	0,42,100,18

应用实例：

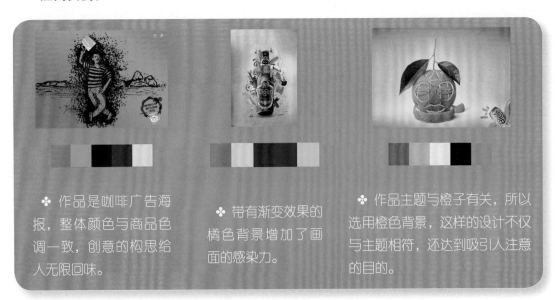

❖ 作品是咖啡广告海报，整体颜色与商品色调一致，创意的构思给人无限回味。

❖ 带有渐变效果的橘色背景增加了画面的感染力。

❖ 作品主题与橙子有关，所以选用橙色背景，这样的设计不仅与主题相符，还达到吸引人注意的目的。

3.3 黄

黄色：黄色是彩虹中明度最高的颜色。因为它的波长适中，所以是所有色相中最能发光的颜色。黄色通常给人一种轻快、透明、辉煌、积极的感受。但是过于明亮的黄色会被认为轻薄、冷淡、极端。

正面关键词：透明、辉煌、权利、开朗、阳光、热闹。

负面关键词：廉价、庸俗、软弱、吵闹、色情、轻薄。

黄	铬黄	金黄
0,0,100,0	0,18,100,1	0,16,100,0
茉莉黄	奶黄	香槟黄
0,13,53,0	0,8,29,0	0,3,31,0
月光黄	万寿菊黄	鲜黄
0,4,61,0	0,31,100,3	0,5,100,0
含羞草黄	芥末黄	黄褐
0,11,72,7	0,8,55,16	0,12,100,0
卡其黄	柠檬黄	香蕉黄
0,23,78,31	6,0,100,0	0,27,100,23
金发黄	灰菊	土著黄
0,9,63,14	0,3,29,11	0,10,72,27

应用实例：

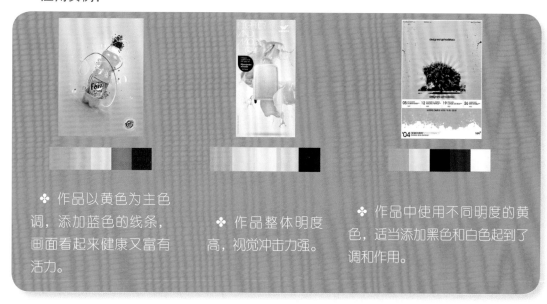

❖ 作品以黄色为主色调，添加蓝色的线条，画面看起来健康又富有活力。

❖ 作品整体明度高，视觉冲击力强。

❖ 作品中使用不同明度的黄色，适当添加黑色和白色起到了调和作用。

3.4 绿

绿色：绿色总是会让人联想到春天，生机勃勃、清新宁静的景象。从心理上讲，绿色会让人心态平和，给人松弛、放松的感觉。绿色也是最能休息人眼睛的颜色，多看一些绿色的植物可以缓解眼部疲劳。

正面关键词：和平、宁静、自然、环保、生命、成长、生机、希望、青春。

负面关键词：土气、庸俗、愚钝、沉闷。

黄绿	苹果绿	嫩绿
9 ,0,100,16	16,0,87,26	19,0,49,18
叶绿	草绿	苔藓绿
17,0,47,36	13,0,47,23	0,1,60,47
橄榄绿	常春藤绿	钴绿
0,1,60,47	51,0,34,51	44,0,37,26
碧绿	绿松石绿	青瓷绿
88,0,40,32	88,0,40,32	34,0,16,27
孔雀石绿	薄荷绿	铬绿
100,0,39,44	100,0,33,53	100,0,21,60
孔雀绿	抹茶绿	枯叶绿
100,0,7,50	2,0,42,27	6,0,32,27

应用实例：

❖ 绿色背景的应用让画面年轻、有活力。

❖ 背景运用绿色可以使整个版面活跃、富有吸引力。

❖ 作品以绿色为主色调，体现健康、活力、清爽的主题。

3.5 青

青色:青色是一种介于蓝色和绿色之间的颜色,因为没有统一的规定,所以对于青色的定义也是因人而异。青色颜色较淡时可以给人一种清爽、冰凉的感觉;当青色较深时会给人一种阴沉、忧郁的感觉。

正面关键词:清脆、伶俐、欢快、劲爽、淡雅。

负面关键词:冰冷、沉闷、华而不实、不踏实。

蓝鼠	砖青色	铁青
37,20,0,41	43,26,0,31	50,39,0,59
鼠尾草	深青灰	天青色
49,32,0,32	100,35,0,53	43,17,0,7
群青	石青色	浅天色
100,60,0,40	100,35,0,27	24,4,0,12
青蓝色	天色	瓷青
77,26,0,31	32,11,0,14	22,0,0,12
青灰色	白青色	浅葱色
30,10,0,35	7,0,0,4	24,3,0,12
淡青色	水青色	藏青
12,0,0,0	61,13,0,12	100,70,0,67

应用实例:

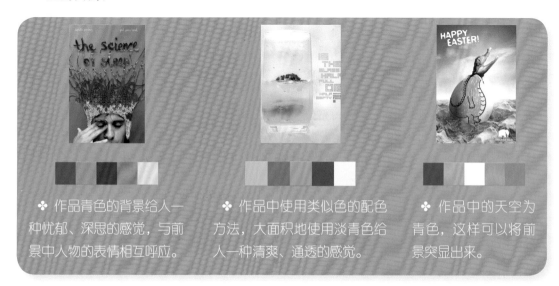

❖ 作品青色的背景给人一种忧郁、深思的感觉,与前景中人物的表情相互呼应。

❖ 作品中使用类似色的配色方法,大面积地使用淡青色给人一种清爽、通透的感觉。

❖ 作品中的天空为青色,这样可以将前景突显出来。

3.6 蓝

蓝色：蓝色是天空和海浪的颜色，是男性的象征。蓝色有很多种，浅蓝色可以给人一种阳光、自由的感觉，深蓝色给人沉稳、安静的感觉。在生活中许多国家警察的衣服是蓝色的，这样的设计起到了一种冷静、镇定的作用。

正面关键词：纯净、美丽、冷静、理智、安详、广阔、沉稳、商务。

负面关键词：无情、寂寞、阴森、严格、古板、冷酷。

天蓝色	蓝色	蔚蓝色
100,50,0,0	100,100,0,0	100,26,0,35
普鲁士蓝	矢车菊蓝	深蓝
100,41,0,67	58,37,0,7	100,100,0,22
单宁布色	道奇蓝	国际旗道蓝
89,49,0,26	88,44,0,0	100,72,0,35
午夜蓝	皇室蓝	浓蓝色
100,50,0,60	71,53,0,12	100,25,0,53
蓝黑色	玻璃蓝	岩石蓝
92,61,0,77	84,52,0,36	38,16,0,26
水晶蓝	冰蓝	爱丽丝蓝
22,7,0,7	11,4,0,2	8,2,0,0

应用实例：

❀ 作品中蓝色调的应用给人一种宇宙浩瀚的空间感。

❀ 作品给人一种神秘、科幻的感觉，这也是蓝色的特点之一。

❀ 作品以蓝色为背景颜色，给人一种警戒、医疗的感觉，这与产品特性相呼应。

3.7 紫

紫色： 在中国的古代紫色是尊贵的象征，例如"紫禁城""紫气东来"。紫色是红色加上青色混合而来，它代表着神秘、高贵。偏红的紫色华美艳丽，偏蓝的紫色高雅、孤傲。

正面关键词： 优雅、高贵、梦幻、庄重、昂贵、神圣。

负面关键词： 冰冷、严厉、距离、诡秘。

紫藤	木槿紫	铁线莲紫
28,43,0,38	21,49,0,38	0,12,6,15
丁香紫	薰衣草紫	水晶紫
8,21,0,20	6,23,0,31	5,45,0,48
紫	矿紫	三色堇紫
0,58,0,43	0,11,3,23	0,100,29,45
锦葵紫	蓝紫	淡紫丁香
0,50,22,17	0,35,20,18	0,5,3,7
浅灰紫	江户紫	紫鹃紫
0,13,0,38	29,43,0,39	0,34,18,29
蝴蝶花紫	靛青色	蔷薇紫
0,100,30,46	42,100,0,49	0,29,13,16

应用实例：

❖ 作品中的紫色明度较低，给人一种魅惑、华丽的感觉。

❖ 偏红的紫色让人感受到一种小女生的情怀，给人一种活泼、可爱的感觉。

❖ 作品中紫色的背景给人一种神秘的感觉，洋红色的搭配使画面和谐又富有变化。

3.8 黑、白、灰

黑、白、灰色调因其独立性而自成色调。在设计中，黑、白、灰通过明度、纯度的不断变化为画面营造更加强烈的空间感。黑、白、灰是无彩色，通常情况下会使用有彩色进行搭配，这样就会突破无彩色的平铺直叙，使画面更加灵动、洒脱。

（1）黑

正面关键词： 力量、品质、大气、豪华、庄严、正式。

负面关键词： 恐怖、阴暗、沉闷、犯罪、暴力。

（2）白

正面关键词： 整洁、感觉、圣洁、知性、单纯、清淡。

负面关键词： 贫乏、空洞、葬礼、哀伤、冷淡、虚无。

（3）灰

正面关键词： 高雅、艺术、低调、传统、中性。

负面关键词： 压抑、烦躁、肮脏、不堪、无情。

白色	10% 亮灰	20% 银灰
0,0,0,0	0,0,0,10	0,0,0,20
30% 银灰	40% 灰	50% 灰
0,0,0,30	0,0,0,40	0,0,0,50
60% 灰	70% 昏灰	80% 炭灰
0,0,0,60	0,0,0,70	0,0,0,80
90% 暗灰	黑	红灰
0,0,0,90	0,0,0,100	0,30,30,44
橙灰	黄灰	绿灰
0,7,20,17	0,1,25,31	22,0,27,52
青灰	蓝灰	紫灰
30,4,0,29	35,27,0,15	24,35,0,15

应用实例:

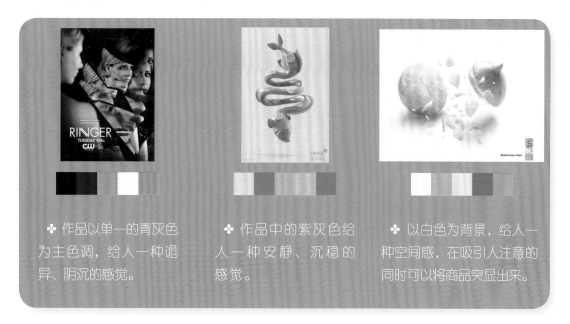

❖ 作品以单一的青灰色为主色调,给人一种诡异、阴沉的感觉。

❖ 作品中的紫灰色给人一种安静、沉稳的感觉。

❖ 以白色为背景,给人一种空间感,在吸引人注意的同时可以将商品突显出来。

3.9 基础色的使用原则

色彩搭配既是一项技术性工作,同时也是一项艺术性很强的工作。因此在使用颜色时需要遵循一定的艺术规律,从而设计出色彩鲜明、性格独特的作品。

(1)主色鲜明

在每一个作品中都要有一个鲜明的色彩,这样才能保证页面能形成自己独有的风格,给观者留下深刻的印象。

在该画面中只有两种颜色,鲜红的颜色给人一种热血、刺激的视觉感受	该作品以黄色为主色调,暖色调的配色给人一种热情、张扬的感觉,给人一种很强的视觉冲击力

（2）搭配合理

在进行色彩搭配时要考虑人的生理特点，对于色彩的搭配一定要合理，这样才能给人一种和谐、愉快的心理感受。

该作品采用同类色的配色方案，紫色调的配色方案给人一种浪漫、柔情的感觉	该作品为高明度色彩基调，整个画面颜色对比较弱，整体色调柔和、静谧

（3）讲究艺术性

色彩搭配是一项艺术活动，在版式配色中，要按照内容决定形式的原则，大胆进行艺术创新，这样才能创造出更具艺术效果的作品。

这是一个眼镜的宣传海报，绿色的线条组合成眼镜的形状，主题非常的突出。而且在低明度的衬托下，绿色的线条非常抢眼	这是一个饮品的宣传海报，青色调的配色干净、优雅，具有强化主体的作用

第 4 章

版式设计的
布局与色彩

Part Four

竖向通栏\双栏\三栏\四栏\饱满\凸出\丰富\灵活

✎ 骨骼型：骨骼型是一种类似于报刊的规范的、理性的版式。常见的骨骼型有横向或竖向通栏、双栏、三栏、四栏等。

✎ 满版型：版面以图像充满整版，并根据版面需要将文字编排在版面的合适位置上。满版型版式设计层次清晰，传达信息准确明了，给人简洁大方的感觉。

☞ 骨骼型的版式在图片和文字的编排上，严格按照骨骼比例进行编排配置，给人以严谨、和谐、理性的美。骨骼型经过相互混合后的版式既理性有条理，又活泼而具有弹性。满版型，给人大方、舒展的感觉，是商品广告常用的形式。☜

4.1.1 骨骼型——竖向通栏

📝 **色彩说明：** 画面背景中黄色和蓝色是互补的色彩关系，给人一种欢快明亮的感觉。

✎ **设计理念：** 竖向通栏的版式给人一种条理性。作品上部的图片感性而有活力，而文案部分则理性而静止。

| 78,36,0,25 |
| 0,16,80,0 |
| 0,25,77,40 |

❶ 作品竖向通栏的编排配置，给人以严谨、和谐、理性的美。

❷ 文案首句部分使用了其他颜色，吸引了读者注意。

✌ **色彩延伸：**

4.1.2 骨骼型——双栏、三栏、四栏

📝 **色彩说明：** 版式整体呈现浅粉红色调，使画面产生了女性柔美的感觉。

✎ **设计理念：** 双栏、三栏、四栏给人以严谨、和谐、理性的美。经过相互混合后，版式中既有条理，又活泼。

| 0,39,34,11 |
| 0,26,31,2 |
| 0,35,20,5 |

❶ 版式采用的是竖向双栏骨骼型版式。

❷ 作品版式整体严谨、条理性强。

❸ 标题纤瘦的字体时尚、文雅。

✌ **色彩延伸：**

4.1.3 动手练习——将文字进行分栏

　　大面积的文字会使人产生一种压迫感，将文字进行分栏，有避免阅读疲劳，减轻阅读紧张感的目的。

4.1.4 设计师谈——利用曲线为画面增加活力

　　曲线形态繁多，变化多样。在版式设计中添加曲线会给人一种视觉上的延伸感，使画面更加活泼，富有活力。

4.1.5 配色实战——中明度色彩基调配色方案

双色配色	三色配色	四色配色	五色配色

4.1.6　常见色彩搭配

水墨			清淡	
青春			格调	
温存			醇厚	
博大			内敛	

4.1.7　猜你喜欢

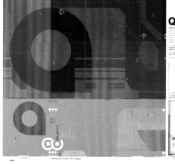

4.1.8 满版型——饱满

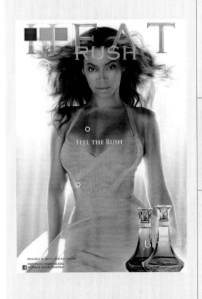

色彩说明: 橙色在色彩中拥有最高的辨识度,所以十分容易吸引人的注意力。少量的暗色增加了画面的明暗对比,起到了稳定画面的作用。

设计理念: 满版型的版式设计更注重图案的表达,以图案来吸引读者。

| 0,54,82,51 |
| 0,31,63,3 |
| 0,30,80,17 |

❶ 文字堆叠在图案上方,与画面融为一体。
❷ 画面整体色调与商品色调统一,紧扣主题。
❸ 满版型,给人大方、舒展的感觉,是商品广告常用的形式。

色彩延伸:

4.1.9 满版型——突出

色彩说明: 黄色和蓝色的互补性搭配方法使画面产生了强烈的刺激感。使用红色进行调和,画面整体颜色鲜艳、明亮。

设计理念: 满版型的版式布局,可以起到强调、突出的作用,特别适合用来展示商品。

| 0,14,83,5 |
| 0,68,89,26 |
| 93,59,0,41 |

❶ 白色背景的运用使画面具有很强的空间感。
❷ 商品以三角形的排列方式进行堆放,给人一种稳定感。
❸ 文字字号较小,但是重点部分使用粗体,方便阅读。

色彩延伸:

4.1.10　满版型——丰富

✎ **色彩说明：** 以红色与紫色形成的明暗对比作为画面主要旋律，加上明度较高的鲜黄色，使得画面色调统一又富有变化。

✎ **设计理念：** 满版型的布局设计可以将相同或不同的元素在版面中进行拼合，使画面内容变得丰富。

0,88,97,4
0,36,37,2
0,31,83,0

❶ 作品颜色纯度较高，给人一种高调、张扬的感觉。
❷ 作品所要表达的主题明确。
❸ 作品中的人物有大有小，画面张弛有度。

✌ **色彩延伸：**

4.1.11　满版型——灵活

✎ **色彩说明：** 画面似乎并没有特定的色调，但是在版面左上角和右下角玫瑰红和紫色的使用稳定了画面的色调。

✎ **设计理念：** 在满版式的布局中，灵活多变可以使画面产生随性的感觉，特别适合时尚类杂志的版面设计。

0,59,84,4
0,45,13,53
0,94,86,9

❶ 作品中部分小图进行添加边框的处理，起到了强化的作用。
❷ 将部分图片进行旋转，增加了画面的节奏感。
❸ 文字与图案并置，起到了说明的作用。

✌ **色彩延伸：**

4.1.12 动手练习——增加画面颜色的纯度为画面增加活力

画面颜色的纯度会影响到公众的视觉感受，在该案例中，修改之前的画面颜色偏灰，给人一种模糊、不清晰的视觉印象。经过修改，画面颜色纯度提高了，使画面气氛更加活跃，与主题所要表达的内容相统一。

 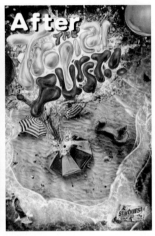

4.1.13 设计师谈——使用隔离色使画面颜色层次分明

隔离色是指通过在两者之间添加具有不同明度或色彩的颜色进行搭配，这样的搭配就能够有效地减缓视觉上的不适感。这样的颜色就是隔离色。

4.1.14 配色实战——为插画添加同类色的背景颜色

双色配色	三色配色	四色配色	五色配色

4.1.15 常见色彩搭配

朦胧		和顺	
润泽		生机	
清秀		干净	
清新		美好	

4.1.16 猜你喜欢

自由分割 \ 等形分割 \ 规整分割 \ 黄金分割 \ 纵向 \ 横向

✎ 分割型：分割型版式是指把整个页面分成上下或左右两部分，分别安排图片或文字内容，两部分形成对比。分割也是版式设计中常用的表现手法，图案部分感性、活力，文案部分理性、规范。

✎ 中轴型：将图形做水平或垂直方向的排列，文案以上下或左右配置。水平排列的版面给人稳定、安静、和平与含蓄的感觉。垂直排列的版面给人强烈的动感。

☞ 无论是分割型还是中轴型都给人一种灵活、变通的感觉。在版式设计中，不能一味地强调概念，而是要根据版面中的内容去设计版面。☜

4.2.1　分割型——自由分割

✎ **色彩说明：** 梦幻神秘的紫色，使得整个画面优雅、浪漫。画面的色调与人物深情的眼神让受众仿佛能够嗅到产品所带来的芳香。

✎ **设计理念：** 将版面自由分割成多个个体，并使用颜色等元素进行连接，使版面产生自由、不受约束的感觉。

17,50,0,39
4,17,0,2
0,42,51,65

❶ 颜色搭配充满了女性的温柔气息。
❷ 整版图片更加吸引人的眼球。
❸ 在杂志广告中经常使用整版图片为商品做广告。

✌ **色彩延伸：**

4.2.2　分割型——等形分割

✎ **色彩说明：** 浅蓝色与橘黄色搭配使画面颜色鲜艳，加上中明度的灰色增加了画面的层次感。

✎ **设计理念：** 将版面分割的形状完全一致，分割后再将内容进行调整，使版面在统一中追求变化。

26,5,0,9
0,31,74,6
3,3,0,40

❶ 作品乱中有序，模块分明。
❷ 文字加粗并配有底色，增加了信息传播性。

✌ **色彩延伸：**

4.2.3 分割型——规整分割

✎ **色彩说明：** 将不同颜色组合在一起从而混合搭配出画面独有的风格，这种风格颜色变化多彩，不拘小节。

✍ **设计理念：** 将版面进行规整分割，给人硬朗、整齐、可以信赖的感觉。

29,19,0,60
0,0,5,37
0,54,12,67

❶ 四周留白的处理，增加了画面的空间感。
❷ 每个版块都有自己所展示的商品，信息传播性强。
❸ 版式紧凑，给人以严谨的感觉。

✌ **色彩延伸：**

4.2.4 分割型——黄金分割

✎ **色彩说明：** 画面整体饱和度较低，给人一种深沉、浑厚、稳定的感觉。

✍ **设计理念：** 黄金分割是被公认为最具有审美意义的比例数字。这样的版式设计可以引起人们注意，有活跃版面的效果。

23,9,0,86
0,0,0,22
0,28,44,41

❶ 作品采用黄金分割的版式设计，大气、富有美感。
❷ 画面中人物动作一致，产生了一种韵律感。
❸ 这样的布局在杂志版面中经常使用。

✌ **色彩延伸：**

4.2.5 动手练习——调整图像位置增加画面节奏感

在原图中，图片整齐摆放，画面效果统一，但是整体效果显得呆板、沉闷。经过修改后，将图片有规律的错落摆放，画面效果变得有节奏感，灵动且有规律可循。

Before: After:

4.2.6 设计师谈——利用重复性增加视觉印象

在版式中利用重复性的构图方式可以使画面自身形象表达得更突出，并能形成和谐且富于节奏感的视觉效果。值得注意的是，要避免元素有秩序地排列，以免产生机械、无变化的单调感。

4.2.7 配色实战——中明度色彩基调配色方案

双色配色	三色配色	四色配色	五色配色

4.2.8　常见色彩搭配

丰收		惆怅	
浮华		嫣然	
诱惑		欢快	
忘情		干练	

4.2.9　猜你喜欢

4.2.10 中轴型——纵向

✎ **色彩说明：** 案例中的图案属于洋红色调，尽显了女性甜美、温柔的气质。

✐ **设计理念：** 中轴型将图形做垂直方向的排列，文案以左右配置。版面给人强烈的动感。

0,60,44,28
0,21,31,32
0,61,15,84

❶ 添加了图片的版面更加具有趣味性。

❷ 左右两侧的文字静止、理性。

❸ 整体版式规整、大方。

✌ **色彩延伸：**

4.2.11 中轴型——横向

✎ **色彩说明：** 画面使用低纯度的彩色，加上深色的背景使画面产生了一种旧画报的感觉。

✐ **设计理念：** 以中间文字部分为横轴，上下的彩条部分成不对称分布，让画面动感十足。

0,21,96,17
0,83,100,16
0,100,53,79

❶ 深色背景具有细微的变化，是简约不简单的设计。

❷ 文字颜色与条纹颜色一致，画面和谐又富有变化。

❸ 个性的艺术字使画面设计感十足。

✌ **色彩延伸：**

4.2.12 动手练习——将画面中元素旋转活跃画面气氛

在版式设计中，为了活跃画面气氛可以将画面中的元素适当地进行旋转。在以下案例中，修改之前的作品过于死板、单调；经过修改后，将某一模块和照片进行旋转，版面的气氛变得活跃、灵动了。

4.2.13 设计师谈——利用颜色纯度推移为画面增加空间感

通过颜色明度的推移可以使作品产生明暗的变换，通过颜色明暗的变化可以为画面增加空间感。

4.2.14 配色实战——文字类型海报配色方案

双色配色	三色配色	四色配色	五色配色

4.2.15　常见色彩搭配

可人		智慧	
明朗		渊博	
内敛		宽广	
保护		纯正	

4.2.16　猜你喜欢

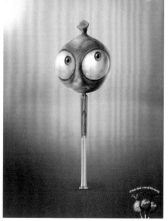
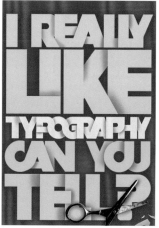

分割型曲线＼装饰型曲线＼引导型曲线＼构成型曲线＼整体倾斜＼部分倾斜
左高右低倾斜＼左低右高倾斜

✎ 曲线型：曲线型版式设计就是将同一个版面中的图片或文字在排列结构上作曲线型的编排，使画面产生一种节奏和韵律。曲线型的排版方式会增加版面的趣味性，让人随着画面中的元素自由走向产生变化。

✎ 倾斜型：倾斜型的版式布局是将版面中的主体形象或多幅版图进行倾斜编排。这样的布局会给人一种不稳定的感觉，但是引人注意，画面有较强的视觉冲击力。

☞ 曲线型的版式设计给人一种时尚、飘逸、柔软的感觉。倾斜型版式给人一种不稳定、不平衡的感觉。在版面编排时可以根据实际情况酌情选择合适的版面，以达到吸引受众的目的。☜

4.3.1 曲线型——分割型曲线

✎ **色彩说明：** 作品采用低纯度的灰玫红色作为画面主色调，给人一种女性温柔、恬静的感觉。

✐ **设计理念：** 分割型曲线是使用曲线将版面进行分割，分割后的版面产生一种灵动的视觉效果。

0,22,26,15
0,38,29,24
0,27,14,51

❶ 作品中女性微闭双眼，显示商品的特性。
❷ 右侧半圆形的版面边缘经过半透明的描边处理，使其过渡均匀，又富有层次感。

✌ **色彩延伸：**

4.3.2 曲线型——装饰型曲线

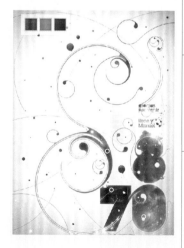

✎ **色彩说明：** 类比色渐变颜色使画面色调统一的同时又富有变化，这种色彩关系在设计时是经常使用到的。

✐ **设计理念：** 曲线作为画面的主要装饰分布在版面中，使整个版面产生流动的美感。

0,78,16,23
94,36,0,12
47,66,0,28

❶ 文字分布的位置集中，起到了稳定的作用。
❷ 画面整体线条流畅，富有活力。
❸ 带有渐变感觉的背景加上流畅的线条，使作品变换丰富。

✌ **色彩延伸：**

4.3.3 曲线型——引导型曲线

✎ **色彩说明：** 画面中灰色的背景将洋红的妩媚衬托得淋漓尽致。人物深色的衣装起到了调和作用。

✎ **设计理念：** 引导型曲线是将人的视线在画面装饰引导的作用下进行流动，起到了吸引视线的作用。

9,42,0,5	❶ 作品中人物的造型很抢眼。
0,20,9,14	❷ 画面的色调与商品的颜色相互呼应。
20,7,0,35	❸ 画面构思巧妙，最终引导视线流向商品。

✌ **色彩延伸：**

4.3.4 曲线型——构成型曲线

✎ **色彩说明：** 低纯度的背景加上灰度的线条，整合画面产生了一种平面感。

✎ **设计理念：** 构成型曲线是将曲线以构成的原理在版面中进行排列。

0,2,5,78	❶ 作品创意十足，让人印象深刻。
0,2,2,35	❷ 眼睛位置在螺旋线的中心，引导视线聚集
0,12,9,2	在这一点。

✌ **色彩延伸：**

4.3.5　动手练习——为画面添加曲线元素

曲线的种类繁多，变化丰富，具有极强的视觉表现力。在版面中添加曲线元素可以使作品产生活泼、丰富的感受，使作品妙趣横生。

4.3.6　设计师谈——巧用视觉重心

在版式设计中，人的视线接触画面，画面中最吸引视觉的元素即是视觉中心。作品通过视觉中心的巧妙运用，可以将画面所要表达的重点表现出来。

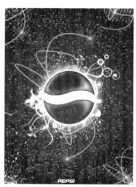 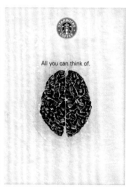

4.3.7　配色实战——低明度的色彩搭配

双色配色	三色配色	四色配色	五色配色

4.3.8　常见色彩搭配

幻想		冲撞	
文雅		直觉	
魅力		惆怅	
冲击		浓情	

4.3.9　猜你喜欢

4.3.10　倾斜型——整体倾斜

✎ **色彩说明：**作品以红色为主色调，随着颜色纯度和明度的推移让画面产生空间感。

✏ **设计理念：**整体倾斜是指版面中所有内容都进行倾斜处理，这样整个画面版式统一，更加吸引人的注意力。

0,54,49,8
0,88,83,40
0,61,65,69

❶ 远处的颜色明度较高，吸引人注意。
❷ 近处的颜色纯度较高，中心明确。
❸ 倾斜的造型，新颖独特，惹人注意。

✌ **色彩延伸：**

4.3.11　倾斜型——部分倾斜

✎ **色彩说明：**洋红搭配孔雀石绿让人感觉嘈杂，但是通过白色的前景进行调和，使画面充满了活力。

✏ **设计理念：**作品中倾斜的文字给人一种动感，稳定的背景又给人一种平衡感，动静结合，相得益彰。

3,0,57,37
0,91,51,27
0,38,20,20

❶ 前景文字部分粗中有细，奠定了作品风格。
❷ 背景由大到小地渐变，使版面产生空间感。
❸ 前景剪纸的造型，创意新颖、独特。

✌ **色彩延伸：**

4.3.12 倾斜型——左高右低倾斜

✎ **色彩说明：** 作品中黄色与蓝色的互补色关系增加了视觉冲击力，但是由于其纯度不高，给人一种中庸之感。

✐ **设计理念：** 左高右低倾斜的版式给人一种不稳定感，仿佛版面中的内容要滑出版面，让人印象深刻。

0,43,86,16
0,55,86,66
69,24,0,61

❶ 画面层次突出，空间感强烈。

❷ 左下角和右上角的暗角处理，起到了突出主题的作用。

❸ 部分文字没有倾斜处理，使版面在变化中追求稳定。

✌ **色彩延伸：**

4.3.13 倾斜型——左低右高倾斜

✎ **色彩说明：** 该作品以灰色调作为背景颜色，搭配鲜艳的洋红色，整体的配色给人一种妖艳、魅惑的感觉。

✐ **设计理念：** 该页面文字呈现出一高一低的倾斜，但是它们都是采用左低右高的倾斜方式，整体给人一种危机感和动感，且带有错落有致的感觉。

29,94,47,0	100,100,100,100
10,7,7,0	

❶ 人物的眼睛带有很强的视觉引导性，画面中的眼睛可以吸引观者的注意。

❷ 画面颜色单纯，白色的文字非常抢眼。

❸ 半透明的颜色给人一种神秘且通透的感觉。

✌ **色彩延伸：**

4.3.14 动手练习——利用互补色配色原理使封面更加具有吸引力

互补色的配色原理是版式配色经常使用到的配色方案，在本案例中，修改之前的配色偏灰，给人一种退色、模糊的感觉。经过修改后，书籍封面颜色更加鲜活、醒目，吸引读者注意。

4.3.15 设计师谈——巧用视觉流程

通过版面中的元素将公众的视线引导向版面所要表达的重点处，这样的设计不仅可以增加画面的设计感觉，还可以增加版面的信息传递性。

4.3.16 配色实战——音乐海报配色方案

双色配色	三色配色	四色配色	五色配色

4.3.17 常见色彩搭配

依存		朴素	
清淡		悠扬	
相恋		典雅	
忠诚		梦幻	

4.3.18 猜你喜欢

完全对称\类似对称\居中型重心\向上型重心\向下型重心\向心型重心

✎ 对称型：对称有绝对对称和相对对称两种。一般多采用相对对称，以避免过于严谨、死板的效果。

✎ 重心型：重心型的版式设计是将人的视线集中到某一处，产生视觉焦点，使主体突出。

☞ 对称在生活中无处不在，在版式设计中对称的版式给人一种稳定、庄重、理性的感觉。重心型版式设计更加能突出整个版面的重心，在版面中，可以利用某些元素将人的视线加以引导，最后将其集中在某一位置。☜

4.4.1 对称型——完全对称

✎ **色彩说明：** 该作品为中明度色彩基调，整体呈现出灰色调。整体给人一种低调、安静的视觉感受。

✎ **设计理念：** 该海报为完全对称的版式设计，整体给人一种和谐、秩序的美感。

72,44,95,4
16,10,17,0
82,37,41,0

❶ 绿色和青色为类似色，画面采用类似色的配色方案，整体给人一种和谐又充满变化的感觉。
❷ 视觉中心特别的造型很容易吸引观者的注意。
❸ 画面中的内容简约，非常便于观者的理解与记忆。

色彩延伸：

4.4.2 对称型——类似对称

10,3,0,0,   0,0,0,0
21,7,79,0   76,27,8,0,

✎ **色彩说明：** 该网页选择同类色的配色方案，青色调的配色方案，给人一种清凉、冰爽的感觉。

✎ **设计理念：** 该网页中利用中轴线将画面分为两个部分，左侧为图形，右侧为插画，这样的构图方式给人一种重复、强调的感觉。

❶ 位于画面中心位置的LOGO不仅能够让画面主题突出，而且有连接两个版面的作用。
❷ 这是一个饮品的网页，清凉的色调可以激发访客的购买欲望。
❸ 干净、清爽的色调可以给访客留下深刻的印象。

色彩延伸：

4.4.3 动手练习——利用破版增加版面设计感

个性、独特的文字设计可以增加版面的吸引力，在本案例中，修改之前居左对齐的文字显得单调、乏味、平庸；经过修改后将文字进行破版处理，不仅保留了文字的信息性，还使版面富有变化，吸引力十足。

4.4.4 设计师谈——作品中点、线、面的结合

一幅优秀的设计作品，不仅要利用色彩来吸引公众的注意，还要通过各种元素吸引公众的注意。在设计中，运用点、线、面作为引导元素，利用"以点成线，以线成面"的原理进行设计，给公众一种丰富、变化的视觉感受。

4.4.5 配色实战——装饰元素与主体物的配色方案

双色配色	三色配色	四色配色	五色配色

4.4.6 常见色彩搭配

初夏		回忆	
冰凉		淡漠	
婉约		友善	
风尚		时光	

4.4.7 猜你喜欢

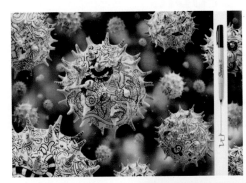

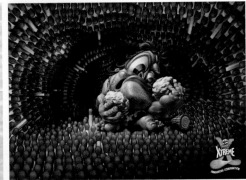

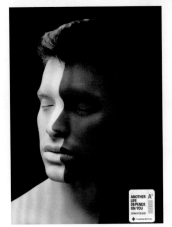

4.4.8 重心型——居中型重心

✎ **色彩说明：** 高明度、低纯度的配色使画面产生一种青春、童真感觉，虽然作品在配色上色相差别较大，但是由于颜色纯度较低，所以颜色冲突不大。

✎ **设计理念：** 居中型重心是将重心位置定位在版面的中心，使人的视觉集中。

0,31,21,8
10,6,0,0
0,70,46,82

❶ 作品中眼睛的位置在画面的正中央，起到吸引人视线的作用。
❷ 作品所要表达的意义比较含蓄，所以更耐人寻味。

✌ **色彩延伸：**

4.4.9 重心型——向上型重心

✎ **色彩说明：** 低明度的背景沉静、庄重，高明度的前景颜色热情奔放，两者搭配相得益彰。

✎ **设计理念：** 重心在版面的上方给人一种稳定感，下方版面留白的设计使画面空间感突出。

60,2,0,11
0,98,38,10
0,6,91,0

❶ 矢量风格的海报设计美观、大方。
❷ 镂空的花纹设计使版面有一种通透的感觉。
❸ 渐变色的使用使画面充满变化。

✌ **色彩延伸：**

4.4.10　重心型——离心型重心

✎ **色彩说明：**作品颜色的明度很高，使画面很有感染力。同一色系的色彩推移使画面色调统一的同时又富有变化。

✎ **设计理念：**离心型重心是指先将视线集中在一点，然后再将视线向外扩散，就像石子落水产生涟漪一样。

0,0,15,0	❶ 画面颜色清新、健康，让人耳目一新。
32,0,75,15	❷ 画面动中有静，配合默契。
26,0,43,0	❸ 作品中的艺术字与画面风格相统一。

✌ **色彩延伸：**

4.4.11　重心型——向心型重心

✎ **色彩说明：**作品颜色明度和纯度都较高，给人一种活泼好动的感觉，配合花纹的设计，版面韵律感很强。

✎ **设计理念：**向心型的中心设计是将人的视线从四周聚拢到一点，例如当我们看见作品时，会先被漂亮的花纹吸引，然后才看见说明文字。

0,9,25,20	❶ 画面构思巧妙，吸引人的眼球。
0,90,92,9	❷ 作品颜色丰富、变化，让人心情舒畅。
0,80,39,0	❸ 构图和谐，主题突出。

✌ **色彩延伸：**

4.4.12　动手练习——修改图片尺寸

在图案较多的版面中，图片尺寸不宜过多，若尺寸较多时会使画面产生一种凌乱、散乱的感觉。在本案例中，修改之前的版式过于凌乱，经过修改之后，版面变得整齐、规整了。

4.4.13　设计师谈——统一图片间隔的距离

在版式中，最重要的原则是和谐、统一。图片与图片，图片与文字之间的距离有着紧密的关联。为了版面的和谐与统一，图片之间的距离要统一。

4.4.14　配色实战——中纯度的色彩搭配

双色配色	三色配色	四色配色	五色配色

4.4.15　常见色彩搭配

悦目		安心		
忘怀		盛夏		
恬淡		悠闲		
茫然		风尘		

4.4.16　猜你喜欢

正三角形 \ 倒三角形 \ 并置自由型 \ 拼贴自由型

✎ 三角型：三角型版式是指版面各视觉元素呈三角形或多角形排列。在版式设计中三角型的版式给人一种创新、突破的感觉。

✎ 自由型：自由型的版式是无规律的、随意的编排构成，有活泼、轻快之感。

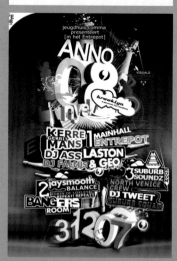

☞ 根据人们对图形的认识，相对于圆形、方形等基本图形，三角形是最具有稳定性的图形。三角型的版式可以给人一种创新中带有稳定的感觉。自由型的版式设计为设计师创造了广阔的设计平台，使版式设计更加自由、创新。☜

4.5.1 三角型——正三角形

✎ **色彩说明**：在低纯度的浅蓝色的衬托下，前景色的绿色显得生机盎然。

✐ **设计理念**：正三角形的构图结构给人一种稳定感，再加上元素的创意，在感受到创新的同时，更让人过目难忘。

15,7,0,7	❶ 树枝与金属的结合设计感极强。
72,0,62,63	❷ 文字的编排个性、特别，符合画面风格。
0,18,29,31	❸ 背景色明度较高，吸引人注意。

✌ **色彩延伸**：

4.5.2 三角型——倒三角形

✎ **色彩说明**：画面选用纯度较高的暖色调，画面感觉明亮、活泼，给人一种亲近的感觉。

✐ **设计理念**：倒三角的构图方式给人一种动感、不稳定、危机的感觉。

0,13,96,6	❶ 画面成放射状，给人一种活力的感觉。
0,52,27,4	❷ 作品颜色艳丽，视觉冲击力强。
82,24,0,16	❸ 画面颜色明度高，让人感觉快乐、热闹。

✌ **色彩延伸**：

4.5.3　动手练习——利用分割线将版面自由分割

在平面设计中，线不仅可以进行装饰，还可进行分割。在本案例中，修改之前的版面过于单调；经过修改后，线的添加不仅将版面进行分割，还使版面更加活跃、自由。

4.5.4　设计师谈——利用元素衔接版面

同在一个版面中，若设计不当会使版面之间失去联系。在版面中添加一些元素可以进行有效的连接，使画面连接紧密。

4.5.5　配色实战——插画的配色方案

双色配色	三色配色	四色配色	五色配色

4.5.6　常见色彩搭配

倾诉		淡薄	
友好		安静	
好客		随心	
中性		娇容	

4.5.7　猜你喜欢

4.5.8 自由型——并置自由型

✎ **色彩说明：**红色和湖蓝色的互补原理，使画面颜色产生刺激、不和谐的感觉，但是经过白色背景的调和作用，画面颜色达到了完美的色彩境地。

✍ **设计理念：**并置自由型的版面有比较、说解的意味，给予原本复杂喧嚣的版面以次序、安静、调和与节奏感。

0,81,81,27	❶ 文字与图案并置起到了说明作用。
16,12,0,40	❷ 版式整体结构紧凑，分布得当。
89,7,0,40	❸ 作品中的每件商品联系密切，引人注目。

✌ **色彩延伸：**

4.5.9 自由型——拼贴自由型

✎ **色彩说明：**将红色作为版面的主色调，用纯度的高低将颜色进行区分，使画面更具有空间感觉。

✍ **设计理念：**拼贴自由型是将画面元素自由地进行拼贴，组成一种灵活的版面。

0,68,74,4	❶ 拼贴的版面给人无拘无束的自由感觉。
0,91,94,13	❷ 画面内容丰富，趣味性强。
0,50,45,69	❸ 部分元素添加边框，起到了突出作用。

✌ **色彩延伸：**

4.5.10 动手练习——利用自由型的构图方式增加画面动感

自由型的构图方式可以为画面增加动感，在本案例中，修改之前的版面过于死板，经过修改后，将文字倾斜排放，文字与人物的动态相统一，这样的设计给人一种统一又富有变化的感觉。

4.5.11 设计师谈——考虑人的视线方向

人物图片中眼睛的位置特别容易吸引读者的目光。然后，读者会随着人物的目光很自然地移动到人物凝神的位置。所以在设计时，要考虑人的视线方向，来引导读者的视线。

人物的视线将公众的视线引导到版面的左侧，而文字在版面的右侧，这样的设计是不合理的。

文字位于手指和视线所指向的方向，这样的视觉有助于文字信息的传达。

4.5.12 配色实战——海报配色方案

双色配色	三色配色	四色配色	五色配色

4.5.13　常见色彩搭配

欢跃		感恩	
激情		放纵	
火辣		自由	
醇厚		任性	

4.5.14　猜你喜欢

第 5 章

版式设计的
图片与色彩

Part Five

Ban Shi She Ji De Tu Pian Yu Se Cai

♣ 5.1 满版图片

在版式中使用图片可以舒缓阅读中的紧张感，还可以辅助宣传文字信息，使信息传达更加直观、清晰。整版图片在杂志、报纸中是经常使用到的排版方法，这样的版式具有强大的空间感，使版面内容更加具有号召力。

✎ 对称型的整版图片给人一种对称的形式美感，大气又美观。

✎ 互动型的整版图片是将文字与图片相结合，使其产生一种互动，从而达到效果上的统一。

✎ 组合型的整版图片是将不同的图案组合成一张整版图片，这样的版式内容丰富，效果统一。

✎ 留白型的整版图片给人一种空间感，使画面中所要展示的内容更加突出。

☞ 作为一个设计工作者，最重要的任务是创造美和引导美。在版式设计中，一方面要注重图案的添加，以达到吸引读者注意的目的；另一方面也应该注意文字与图案之间的关系，不仅要注重其信息传播性，还要使版面具有视觉上的享受。☜

5.1.1 对称

✎ **色彩说明**：图片背景是沉寂、古朴的咖啡色调，整个画面沉稳、大气。前景的人物穿着红色的礼服，看上去高贵典雅。

✐ **设计理念**：画面中的人物及文字成中心对称形，画面整体和谐、大方。

0,98,77,3
0,100,95,48
0,100,100,89

❶ 红色高贵大气、富丽堂皇。
❷ 作品中白色文字在红色裙子的衬托下更加引人注目。
❸ 规整的文字使得版面简洁生动。

✌ **色彩延伸**：

5.1.2 互动

✎ **色彩说明**：画面中颜色明度和纯度都较高，给人一种活泼、热闹的感觉。适当的黑色在画面中起到了调和的作用。

✐ **设计理念**：商品与文字之间的互动让整版图片生动、活跃、不单一。

0,100,98,0
0,12,96,2
72,28,0,16

❶ 版面进行分割后，将分割线加以调整，达到一种良好的视觉效果。
❷ 画面颜色丰富，尽显轻盈的摩登之美。
❸ 图案与文字默契结合，将信息传播最大化。

✌ **色彩延伸**：

5.1.3 组合

✎ **色彩说明：** 作品只使用一种色相，并将这种色相在深浅中不断变化。这样的设计给人一种单色却不单调的感觉。

✍ **设计理念：** 将多张图片组合成同一主题的整版图片，使画面内容丰富。每个小图都有自己的内容，吸引读者的注意力。

0,9,29,24
0,7,11,28
0,14,61,89

❶ 将 LOGO 放置在版面正中间，吸引人注意。
❷ 作品目的明确，紧扣主题。
❸ 将多个版块规整地进行组合，画面不杂乱

✌ **色彩延伸：**

5.1.4 留白

✎ **色彩说明：** 作品配色大胆，洋红与蓝色相搭配色彩冲击力强。因为人物身穿白色上衣，这样可以在背景中突显出来。

✍ **设计理念：** 在整版图片四周留白可以增强画面的空间感，这样可以使读者的视线更加集中在画面中心位置。

0,14,26,41
90,54,0,55
0,77,55,28

❶ 图案黑色的边框可以起到区分边缘的作用。
❷ 图像下方的文字增加了画面的时尚感。
❸ 画面明暗对比强烈，让画面更加有质感。

✌ **色彩延伸：**

5.1.5　动手练习——利用满版图打造舒展的视觉效果

满版图可以为画面营造一种舒展、延伸的感觉。在该作品修改之前，左侧的版面显得过于狭窄，给人一种拘束、拥挤的感觉。修改之后满版型的图片更加吸引人的注意，给人一种直接的视觉冲击感受。

5.1.6　设计师谈——色彩的重复

相同的色彩在同一画面中反复出现，这样的现象就称为色彩的重复。色彩的重复可以强调重点色，给人深刻的印象。

5.1.7　配色实战——儿童书籍封面配色

双色配色	三色配色	四色配色	五色配色

5.1.8 常见色彩搭配

俏丽			贤淑		
和煦			文静		
悠远			高调		
华美			奔放		

5.1.9 猜你喜欢

　　图片是版面内容的体现，也是用来对信息的延伸及补充。在一个版面中，图片通过方型和自由型的编排位置发生变化，从而使整个版面发生变化。这样的版式给人一种变换、丰富的感觉。

　　✎　方型具有稳定和变换两种特点，稳定型可以增加画面的辨识度；变换型使整个版面充满活力。

　　✎　自由型的排列方式比较灵活，适合使用在需要表现创意的版面中。

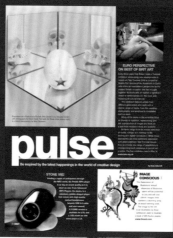

　　☞　灵活的版面总是可以吸引人的注意力，这样的设计不仅可以增加版面的辨识度，还可以增加阅读的趣味性，缓解阅读疲劳。✍

5.2.1 方型——稳定

✎ **色彩说明：** 蓝色给人一种稳定、沉静的感觉，版面中以蓝色为底色，文字为白色，这样的搭配增强了文字的辨识度。

✐ **设计理念：** 方型的排版方式给人一种稳定感。让读者在阅读过程中，不会因画面图案、装饰等元素而影响阅读。

22,3,0,15

0,6,67,5

100,67,0,65

❶ 插图中高纯度的颜色吸引读者注意。

❷ 每一幅图样都有白色的边框，起到了突出的作用。

❸ 画面中的颜色变化丰富，缓解了阅读所带来的紧张感。

✌ **色彩延伸：**

5.2.2 方型——变换

✎ **色彩说明：** 画面颜色变化多样，冷暖色调相互配合使用，使画面空间感强烈。

✐ **设计理念：** 方型排版容易让人产生死板单调的感觉，适当地将某个图形旋转摆放能打破版式过于僵硬的局面。

36,0,59,85

4,0,33,31

0,73,78,35

❶ 小图部分进行描边处理，使其在版面中凸显出来。

❷ 图案有大有小，使得版面活泼、灵动。

❸ 每一个小图中都有自己的配色风格，使画面更具观赏性。

✌ **色彩延伸：**

5.2.3 自由型——灵活

✎ **色彩说明：** 画面整体颜色干净、利落，色彩的明度较高。黄颜色的文字与孩子童真的笑脸相互映衬，和谐，富有朝气。

✑ **设计理念：** 自由型的版面设计灵活多变，设计师可以根据自己独到的见解结合内容去规划版面。

0,13,21,12
0,11,3,7
0,34,82,18

❶ 自由型的排版方式灵活性强。
❷ 文字颜色明度高，信息传递性强。
❸ 使用黄底反白的方法，增加了小字部分的可读性。

✌ **色彩延伸：**

5.2.4 自由型——创意

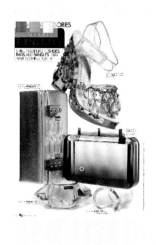

✎ **色彩说明：** 白色背景将产品衬托得更加清晰准确，大面积地运用白色可以产生明亮干净的视觉感，给人清爽的感觉。

✑ **设计理念：** 在版面设计中创意无处不在，优秀的版面创意会引导读者的视线随着产品的走向而流动。

0,63,58,15
100,3,0,27
0,1,1,0

❶ 每件商品四周都有小字对其进行说明，布局合理。
❷ 版面中的商品颜色通透、明亮，适合使用白色背景。
❸ 商品颜色有所区分，避免了颜色之间的相互影响。

✌ **色彩延伸：**

5.2.5 动手练习——增加色度使画面更突出

画面颜色纯度不同所要表达的颜色情感也是不同的,修改之前的画面颜色对比度较弱,给人一种朦胧、不明确的感觉,修改之后的颜色对比度增加了,画面给人一种鲜明、明快的心理感受。

修改前

修改后

5.2.6 设计师谈——利用类似色的配色原理达到视觉上的平衡感

类似色的配色原理是在配色中经常使用的方法,这样的配色方案不仅可以使画面色调达到统一,还富有变化。画面中的洋红色和淡紫色为类似色,将这两种颜色结合到一起在视觉上打造了一种平衡感。

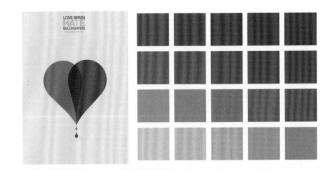

5.2.7 配色实战——名片的配色

双色配色	三色配色	四色配色	五色配色
COMPANY NAME SAMPLE TEXT	COMPANY NAME SAMPLE TEXT	COMPANY NAME SAMPLE TEXT	COMPANY NAME SAMPLE TEXT

5.2.8 常见色彩搭配

乡村		纤巧	
微薄		富贵	
温存		浓郁	
情怀		娇艳	

5.2.9 猜你喜欢

在版面中为图片增加边框可以起到支撑空间、划分版面的作用。不同类型的边框可以起到不同的作用。

✎ 加粗式图片边框是将边框进行加粗处理，这样的突出效果更加明显，但是应用不当会造成笨拙、粗糙的负面效果。

✎ 描边式图片边框可以使图片在版面中凸显出来。

✎ 形状式图片边框是根据图案本身的形状进行添加边框，这样的效果更具影响力。

✎ 框中框式图片边框是在画面边缘进行添加边框的形式，这样可以更好地突显画面中所要表达的内容。

☛ 为图片添加边框有强调的作用。图案边框的运用可以将某个图案在众多图案中突显出来，使人的视线首先停留在带有边框的图案上。在生活中不难发现这样的例子，例如道路上的交通指示牌。我们要有一双发现生活的眼睛，去慢慢体会设计的独到之处。☚

5.3.1 加粗式

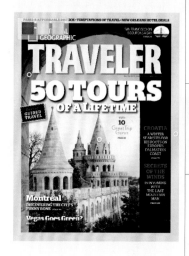

✎ **色彩说明：** 黄色的明度高，配合画面图片的主要色调，使用黄色作为边框颜色可以吸引读者注意。

✍ **设计理念：** 加粗式的边框设计使得画面主体部分更加突出，而且边框与画面中的古堡颜色色调一致，使得整个画面颜色亮丽。

0,28,44,54	❶ 加粗的边框设计使得画面更加饱满。
0,12,91,2	❷ 文字变化得体，信息传播性强。
0,25,60,2	❸ 作品中夕阳余晖下的古堡让人印象深刻。

✌ **色彩延伸：**

5.3.2 描边式

✎ **色彩说明：** 因为画面中颜色杂乱，为了突出重点背景颜色使用了蓝色。右侧的段落文字为白色，方便阅读。

✍ **设计理念：** 为图案进行描边是在排版中经常使用的方法，这样可以起到突出主体，层次分明的作用。

100,70,0,65	❶ 图案边框运用适当、得体。
35,0,10,55	❷ 画面内容生动有趣，而且颜色变化丰富。
42,6,0,18	❸ 上方标题处的洋红底色美观、醒目。

✌ **色彩延伸：**

5.3.3 形状式

✎ **色彩说明：** 画面颜色简单，干净、大方。大面积的留白使得画面主体明确，画面整体感觉年轻时尚，富有活力。

✍ **设计理念：** 以对象的形状作为描边，可以更好地突出主体，在作品中分层次地描边，增加了画面的设计感。

0,43,24,0
0,1,71,0
0,44,59,27

❶ 个性大胆创意，符合年轻人的眼光。
❷ 画面细节风格，分不同颜色、类型进行描边。
❸ 画面空间感强烈，对作品所要表达目的一目了然。

✌ **色彩延伸：**

5.3.4 框中框式

✎ **色彩说明：** 画面整体颜色阴暗、诡异。色调统一而又富有变化，使人观看之后可以感受到其诡异的氛围。

✍ **设计理念：** 框中框式的边框设计可以突出主题，使画面原本复杂的版面变得井然有序。

0,14,15,69
0,68,45,62
0,61,74,31

❶ 框中框式的排版，理性又不失活泼。
❷ 画面主次分明，增加了信息的传播性。
❸ 色调符合商品的主题。

✌ **色彩延伸：**

5.3.5　动手练习——为图片加边框

图片在版式中占据着很重要的地位，在众多图片堆叠排放时会产生一种拥挤、主次不清晰的感觉。为右侧的插图添加边框后，可以使其产生一种层次感，使得主次有序。

5.3.6　设计师谈——灰色调的应用

灰色调是具有极大包容性的色彩，通常给人一种朦胧、舒适、低调的视觉感觉。搭配得当也可以产生风情万种的色彩印象。

5.3.7　配色实战——中明度色彩搭配

双色配色	三色配色	四色配色	五色配色

5.3.8 常见色彩搭配

朝气		清爽	
欢笑		明快	
暧昧		期待	
淑女		晴天	

5.3.9 猜你喜欢

版面中图片的数量直接影响到了阅读者的兴趣，如果版面中没有图案，整个版面会显得枯燥、乏味。添加图片可以增加画面的趣味性，使原本无趣的画面充满活力。

✎ 图片数量多时画面生动、饱满。

✎ 图片数量少时画面直观、大方。

☞ 在版式设计中，图片的数量决定了整个版面的构图方式，也会影响到读者的阅读兴趣。如果一个版面中的图片较多，就可以增加版面的活跃性。根据主题对图片进行设计，会使画面显得生动而具有层次感。◗

5.4.1 图片数量多——生动

✎ **色彩说明：** 画面颜色丰富多彩，但是分布较为集中，留白的设计为画面营造了更浓的设计氛围。

✐ **设计理念：** 将多个图形进行拼凑，拼凑成大熊猫的形状，使画面充满了趣味性。

0,7,92,3
0,92,97,10
61,0,61,38

❶ 画面符合环保海报的主题。

❷ 颜色鲜艳、明亮，配上白色的背景画面增加了视觉冲击力。

❸ 由数量众多的个体组成一个整体，具有创新意识。

✌ **色彩延伸：**

5.4.2 图片数量多——饱满

✎ **色彩说明：** 洋红是属于女性的颜色，作为时尚类杂志，洋红的出现频率也是非常高的。洋红的标题底色使得标题部分吸引读者眼球。

✐ **设计理念：** 多个图案排列在一个版面中，相互关联是很重要的。作品图案排列紧凑，大小适中，主题明确。

0,66,33,5
0,12,28,25
0,43,65,50

❶ 作品主题明确，每个人物图片排列得体。

❷ 说明文字部分使用半透明的底色，美观、不沉闷。

❸ 画面版式紧凑，张弛有度。

✌ **色彩延伸：**

5.4.3 图片数量少——直观

✎ **色彩说明：** 作品呈现出暖色调，给人一种积极向上的感觉，邻近色的配色方案，使画面色调统一，富有格调。

✐ **设计理念：** 采用减少的图片进行设计，可以很直白地表达作品的主题。

0,23,40,19 0,71,78,14 0,49,76,1	❶ 左边空间感强烈，给人一种悬浮的感觉。 ❷ 低纯度、高明度的背景，不仅突出前景，还能够准确表达主题。 ❸ 作品设计新颖、独特，可以增加受众印象。

✌ **色彩延伸：**

5.4.4 图片数量少——大方

✎ **色彩说明：** 作品背景是淡蓝色的天空，给人一种天气晴朗、心情愉悦的感觉。

✐ **设计理念：** 简单又富有创意的图案，更容易让受众记住画面所要表达的内容。

0,12,0,30 61,28,0,15 0,37,85,45	❶ 虽然本身蓝色和黄色作为互补色，但这里由于明度和纯度上的调和，显得比较和谐。 ❷ 作品为相机广告，以独特的创意突显了相机的优越性能。 ❸ 在右上角添加商品 LOGO，更容易建立品牌效应。

✌ **色彩延伸：**

5.4.5　动手练习——适当留白为画面营造空间感

在版式设计中留白是一种独特的视觉语言，适当地留白有助于信息的传递、情感的交流，提升作品感染力。留白还可以提升画面的意境，增加画面的空间感。

5.4.6　设计师谈——巧用视觉的节奏

画面中的节奏很大程度取决于感觉。不同的节奏所带来的视觉感受也是不尽相同的。

■■■■■■■■■	相同的颜色色块给人一种平缓的节奏。
■■■■■■■■■	通过颜色的改变，可以让人感觉到节奏。
■■■■■★■■	添加了特殊的元素后，这个元素就会成为页面中的重点内容。

5.4.7　配色实战——网页广告配色方案

双色配色	三色配色	四色配色	五色配色

5.4.8　常见色彩搭配

温和		甜蜜	
冷清		恋爱	
光明		鲜嫩	
惊艳		妖媚	

5.4.9　猜你喜欢

为版面添加说明图片，可以让版面中的内容更加具有说服力。在版式设计中，不仅要清楚表达出文字所表达的内容，还要注意其是否具有吸引力。

✎ 美观型的说明图片可以通过美观的画面效果来吸引人注意。

✎ 新奇型的说明图片可以通过创意来吸引人们的注意。

✎ 时尚型的说明图片通过其时尚的造型来吸引人注意。

✎ 简洁型的说明图片利用简单的构图来吸引人的注意。

☞ 图文并茂的版面更具有观赏性，可以牢牢吸引人的眼球。当文字与图案结合在一起，才能将说明的意义最大化。✎

5.5.1　美观

📎 **色彩说明：**紫色是妖娆华丽的颜色，作品中不同明度的紫色使画面产生了一种梦幻般的感觉，这种颜色在化妆品、服饰中应用尤其广泛。

✍ **设计理念：**美的东西总是能吸引人的眼球，作为说明图片，在图片处理中更要制作得美观大方。

| 0,22,34,20 |
| 24,54,0,50 |
| 0,45,0,50 |

❶ 作品主要展示紫色的眼影，画面整体色调与商品相协调。

❷ 作品中的人物眼部微闭，更加突出了商品的特点。

❸ 画面整体色调浓郁，更容易吸引受众。

✌ **色彩延伸：**

5.5.2　新奇

📎 **色彩说明：**低调的背景，加上创意感十足的造型，整个画面充满着摇滚风格。

✍ **设计理念：**画面将鞋子做成人脸的形象，创意感十足。画面中的明暗对比既能吸引眼球，又不会显得过于唐突。

| 0,5,34,60 |
| 0,4,16,45 |
| 0,6,26,39 |

❶ 新奇、创意的说明图片可以吸引人注意。

❷ 配合简单的文字，使画面更加具有说服力。

❸ 将 LOGO 作为装饰的一部分，和谐又美观。

✌ **色彩延伸：**

5.5.3 时尚

✎ **色彩说明：** 低纯度的蓝灰色是城市、办公室的代表颜色，画面中人物冷艳、清高，使画面颜色与情感融为一体。

✍ **设计理念：** 说明的图片在说明产品、功能等信息的同时也应该具有美感。画面大气、沉稳才能体现出商品的特点。

0,42,61,72
17,7,0,82
2,0,6,82

❶ 人物鲜艳的红唇为画面增色不少。
❷ 右侧的 LOGO 建立了品牌效应。
❸ 画面中没有文字说明，但是也很好地表达了主题。

✌ **色彩延伸：**

5.5.4 简洁

✎ **色彩说明：** 粉红色是少女的颜色，粉红色总是让人回忆到过去美好的事情，并给人无限的想象空间。

✍ **设计理念：** 简洁的说明图，可以让受众更好地了解商品的特点，对作品所要表达的情感一目了然。

0,18,2,11
0,68,36,7
0,81,73,9

❶ 从画面中可以感受到作品所要表达的情感。
❷ 右下角的香水图案紧扣作品主题。
❸ 标题精致的创意字匠心独运，增加画面的感染力。

✌ **色彩延伸：**

5.5.5 动手练习——为包装上的字体换个颜色

包装中的字体颜色有着特殊的意义,它不仅可以调和画面的颜色,还可以增加公众的吸引力。在本案例中修改之前的字体颜色显得太过复杂,更改后的字体颜色利用互补色的配色原理,使包装更加美观、生动,更加具有吸引力。

  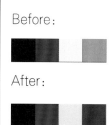

Before:

After:

5.5.6 设计师谈——白色的巧妙运用

白色可以在不改变有彩色的色相、明度和纯度的情况下,将有彩色衬托得更加清晰明了。

在该作品中,利用大面积的白色使画面产生纯净、明亮的感觉。	以白色为底色,可以避免色彩之间的相互影响,使每一种颜色都可以进行充分的展示。

5.5.7 配色实战——暖色调的配色方案

双色配色	三色配色	四色配色	五色配色

5.5.8 常见色彩搭配

生命		娇嫩	
晴天		娇情	
唯美		质朴	
浪漫		雅致	

5.5.9 猜你喜欢

新锐风格＼矢量风格＼线描风格＼涂鸦风格＼动漫风格＼混搭风格

　　插画可以为版面增加独特的艺术魅力，从而让整个版面具有表现力。插画可以包括出版物插图、卡通吉祥物、影视与游戏美术设计和广告插画等多种形式。从表现形式上又可以分为以下几个种类。

✎ 新锐风格插画设计一般设计思路都比较开阔、前卫，风格大胆。

✎ 矢量风格插画的特点是在制作时，图像不会因为放大或缩小而产生锯齿的效果。

✎ 线描风格更接近于手绘效果，这样的插画给人一种亲切、实在的感觉。

✎ 涂鸦风格的插画更符合年轻人的审美习惯，容易被年轻人所接受。

✎ 动漫风格的插画可以使版面更加活跃。

✎ 混搭风格的插画使版面呈现多元化，内容更加丰富。

　　☛ 插画设计与绘画艺术有着近亲的血缘关系，在某种意义上讲，绘画艺术成为了基础科学，插画艺术则成为了应用科学。不同的人对插画有不同的理解，但是作为现代设计的一种重要的视觉传达形式，以其直观的形象性，真实的生活感和美的感染力，在现代设计中占有特定的地位。☚

5.6.1　新锐风格

✎ **色彩说明：** 画面采用低纯度的颜色，色彩搭配柔和、甜美。因为几处明度较低的颜色的使用，使画面不至于偏灰，层次感增强。

✎ **设计理念：** 作品中设计者所要传达的含义较为隐形，但是版面中的装饰纹样丰富多彩，构图精致，注重形状美感的设计。

0,43,60,4
17,0,52,22
0,22,74,0

❶ 画面内容丰富，颜色协调统一。
❷ 作品内容耐人寻味，使人深思。

✌ **色彩延伸：**

5.6.2　矢量风格

✎ **色彩说明：** 绿色和褐色的搭配在自然界中极为常见，因此这是一种适合人们视觉的配色。

✎ **设计理念：** 矢量风格的插画设计在生活中是很常见的，这种风格的插画能够充分体现图形的美感。

0,95,39,7
73,0,48,31
64,0,36,72

❶ 作品中文字排列得体，恰到好处。
❷ 作品整体呈现出一种曲线美，随着推车的人产生无限联想。
❸ 适当的洋红活跃了画面的整体氛围。

✌ **色彩延伸：**

5.6.3　线描风格

✎ **色彩说明：** 灰土色给人一种稳重感。低调的色彩奠定了画面的感情基础，再搭配黑色的手绘让人觉得作品整体沧桑而怀旧。

✏ **设计理念：** 线描风格的插画是绘画者利用线条和平涂进行组合的插画表现形式，具有简洁、单纯的特点。

0,15,35,11
0,7,32,71
0,37,41,89

❶ 点、线、面相结合，画面饱满生动。
❷ 文字在作品的下方，符合人先上后下的阅读习惯。
❸ 文字做旧的效果，符合画面风格。

✌ **色彩延伸：**

5.6.4　涂鸦风格

✎ **色彩说明：** 画面中的蓝色起到了强调的作用，加上适当的鲜红色，使画面颜色变化丰富。

✏ **设计理念：** 涂鸦风格的插画方式在版式设计中也是很常见的，这种方式的插画具有强烈的反叛色彩和随意的风格。

❶ 作品中人物造型奇特、夸张，吸引人的注意。
❷ 镂空的背景增加了画面的空间感。
❸ 涂鸦风格的插画具有粗犷的美感，自由、随意且充满个性。

✌ **色彩延伸：**

5.6.5 动漫风格

色彩说明：画面中整体采用低纯度、高明度的配色方法，使画面色调一致，保证了画面整体明度。

设计理念：卡通风格的插画在版式中可以活跃画面气氛，打破常规的排版方式，让画面生动有趣。

❶ 每一个模块使用一种颜色，阅读方便。
❷ 动漫人物的绘画风格一致，相互协调。
❸ 渐变的背景色处理使整个版面更加灵活。

色彩延伸：

5.6.6 混搭风格

色彩说明：紫色是神秘、优雅的颜色，特别受女性的青睐。作品中搭配少许洋红，让这个画面弥漫着女性色彩。

设计理念：混搭风格的插画可以融合多个独立的，甚至对立的元素，使整个画面呈现协调的整体风格。

❶ 画面色调统一，主体突出。
❷ 标题的艺术字和画面风格相一致。
❸ 主体人物造型奇异，引人注目。

色彩延伸：

5.6.7　动手练习——为版面中的文字换一个合适的颜色

在版式设计中，文字的版式不仅要美观、大方，还要方便读者的阅读。在本案例中，修改之前的文字颜色与背景很难区分，这使得读者在阅读时很费劲。经过修改后，反白的文字可以方便读者的阅读。

5.6.8　设计师谈——将商品拟人化增加画面亲和力

将商品拟人化处理，可以给人一种亲切感。商品个性化的造型，可以给人耳目一新的感觉，还可以增加人们对商品的印象。

5.6.9　配色实战——插画场景色彩搭配

双色配色	三色配色	四色配色	五色配色

5.6.10　常见色彩搭配

火辣		俏丽	
豁达		明快	
坦诚		娇羞	
真挚		旺盛	

5.6.11　猜你喜欢

第 6 章

版式设计的
文字与色彩

Part Six

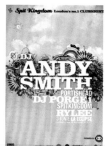

左右对齐 \ 齐中齐左或齐右对齐 \ 文字绕图排列

文字是版面的核心，也是人们摄取信息的重要途径。在版式设计中文字可以视为重要的表现符号，不仅作为传达信息的重要载体，更起到了装饰、美化版面的作用。

✎ 文字左右对齐可以给人一种稳定、集中的感觉。

✎ 文字齐中对齐产生一种对称美，齐左对齐给人一种常规的美感，齐右对齐给人一种创新的感觉。

✎ 文字绕图的组合方式会产生曲线和硬朗两种效果。

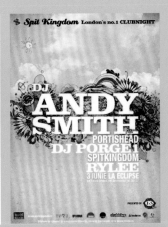

☞ 文字的排列组合是具有一定规律的，常见的文字排列方法有左对齐、右对齐、中对齐、两端对齐、绕图排列等。☚

6.1.1　左右对齐——稳定

✎ **色彩说明：** 案例中以深咖啡色作为背景颜色，沉稳、质朴。使用荧光绿作为关键词的颜色，不仅起到了突出主题的作用，还活跃了整个画面的氛围。

✐ **设计理念：** 左右对齐的排列方式指的是行首和行尾进行排列。这种方式在书籍、报刊、杂志中最为常见。一般情况下左右对齐的排列方式显示整体画面端庄、严谨、美观。

| 0,31,60,80 |
| 0,12,97,37 |
| 10,0,99,0 |

❶ 简约的结构，信息传播性强。
❷ 适当运用明亮颜色，活跃画面整体气氛。
❸ 不同明度的颜色适当运用，使主次分明。

✌ **色彩延伸：**

6.1.2　齐中对齐——对称

✎ **色彩说明：** 红色是在设计中经常使用到的颜色，它热情、温暖，引人注意。作品中以红为主色调，并使用不同程度的红色让画面层次分明。

✐ **设计理念：** 文字以"齐中对齐"的方式排列在画面中，主题突出鲜明，可使读者迅速了解作品所表达的内容。

| 0,41,55,3 |
| 0,89,84,4 |
| 0,100,100,19 |

❶ 画面整体弃繁就简，目的明确。
❷ 文字与背景相得益彰。
❸ 颜色简单，更容易让读者迅速记住文字内容。

✌ **色彩延伸：**

6.1.3 齐左对齐——常规

色彩说明：红色是青春的颜色，红的本身传达着热情、张扬与活力。在案例中，以鲜红色作为主色调，让整个画面富有朝气。

设计理念：在段落文字的排版上，主要使用了齐左的排列方式。齐左对齐的排版方式符合读者的阅读习惯，是最常见的排版方式。

0,84,84,11
0,13,40,4
0,7,9,0

❶ 整个画面排版有张有弛，衔接自然得体。
❷ 红色为主色调，吸引读者注意。
❸ 文字排版以齐左对齐方式，使画面布局严谨而美观。

色彩延伸：

6.1.4 齐右对齐——创新

色彩说明：画面中蓝灰色的文字起到了稳定作用，而洋红的文字则起到了很好的主题表达作用。这种色相和冷暖上的对比是时下比较流行的配色方法。

设计理念：齐右对齐的文字排版方式增加了画面的空间感，使得整个版面能够自由呼吸。

20,0,7,13
0,38,39,3
0,19,26,57

❶ 齐右对齐在设计中很少见，使得作品具有新颖的视觉效果。
❷ 冷暖色相结合的配色方法，让画面个性十足。
❸ 文字颜色明亮，突出主题。

色彩延伸：

6.1.5　绕图排列——曲线

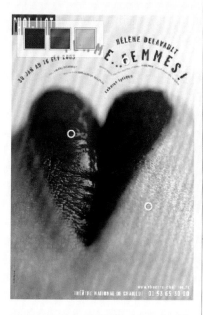

🖉 **色彩说明：** 鲜艳的红色嘴唇，像一颗炽热的心。低纯度的色彩将主体的红色嘴唇显得明艳照人。

✍ **设计理念：** 在案例中并没有大段的文字，几行文字围绕着嘴唇的边缘排列着，曲线的排列方式让文字像流水般舒缓。

0,15,11,31
0,49,38,40
0,17,30,15

❶ 以红色的嘴唇作为画面的主体，设计很大胆、创新。

❷ 画面没有复杂的颜色，但是以红色作为主体颜色，让画面富有感染力。

❸ 文字绕图的排列方式让画面效果更加灵活，传神。

✌ **色彩延伸：**

6.1.6　绕图排列——硬朗

🖉 **色彩说明：** 紫色的明度虽然不高，但是在黑色的作用下显得格外靓丽。在背景的衬托下，红色的商品也显得贵气非凡。

✍ **设计理念：** 文字不是以商品形状围绕图案，而是以规整的排列方式分布在商品边缘，给人一种硬朗的感觉，增加了文字的说明力度。

0,66,55,29
0,78,72,65
9,39,0,74

❶ 产品从近到远的摆放方式给人一种空间不断延伸的感觉。

❷ 画面整体色调，给人一种华丽、贵气的感觉。

❸ 简洁的说明文字，让读者更好理解。

✌ **色彩延伸：**

6.1.7 动手练习——修改画面文字对齐方式

文字作为信息传递的重要手段，在版面中的位置不仅要合理，还要美观。在本案例中，修改之前的文字为居右对齐，这样的对齐方式使整个画面产生一种向右下处倾斜的偏重感，看上去别扭、不美观。修改之后的文字居中对齐，与整个版面的排版相互协调、统一。

6.1.8 设计师谈——文字不是越多越好

文字是版式设计中的一个重要元素，它有着特殊的意义——不仅要传递信息，还要美化版面。在一些海报设计中，文字并不是越多越好，有时恰恰相反，简洁、有力的文字会更具说服力。

❀ 在该作品中只有三个元素，分别是：抽象化的鞋，简洁的广告语和品牌LOGO。作品没有大量的说明文字，而是利用强烈的空间和个性的设计来吸引公众的注意。

6.1.9 配色实战——企业宣传手册内页配色方案

双色配色	三色配色	四色配色	五色配色

6.1.10　常见色彩搭配

美好		神秘	
春天		欢笑	
强劲		魅惑	
稚气		活泼	

6.1.11　猜你喜欢

♣ 6.2 标题文字

粗体文字突出版面 \ 斜体文字增加韵律 \ 艺术字增加创新 \ 字体大小不同效果不同

标题文字作为版面的灵魂，起吸引与强调的作用。为了体现标题文字的这一特性，通常会将标题文字增大、加粗、倾斜，或制作艺术字来使其更具有吸引力。

✎ 粗体文字可以使版面更加具有吸引力，增强文字的信息传播效果。

✎ 倾斜的文字可以增加画面的韵律和动感。

✎ 艺术字可以添加版面的艺术表现力，吸引人注意。

✎ 字体大小不同，效果也不尽相同，大文字抢眼、个性，小文字精巧、别致。

  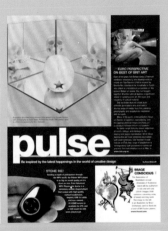

☛ 在版式设计中除了在视觉上给人一种美的享受外，标题文字向受众传达的是一种信息，一种理念。因此在标题文字设计中，不仅要注重表面视觉上的美观，还要考虑信息的传达效果。☚

6.2.1　粗体文字——增加吸引力

　　✎ **色彩说明：** 作为杂志的封面，标题文字与背景颜色相结合，可以增强标题的信息性。

　　✍ **设计理念：** 在杂志封面设计中，粗体文字作为标题，可以起到吸引读者注意的目的。

0,88,85,20

59,37,0,72

0,0,0,0

❶ 在该版面中，标题文字使用粗体使标题更加突出。

❷ 不同标题使用不同的文字，增加了画面的层次感。

✌ **色彩延伸：**

6.2.2　粗体文字——增强信息性

　　✎ **色彩说明：** 在这一个杂志内页的化妆品广告中，背景颜色柔和温婉，与前景商品相互呼应。

　　✍ **设计理念：** 在排版中，文字加粗可以增强文字的信息性，让读者在阅读过程中对文字所要表达的重点一目了然。

❶ 对于标题进行字体加粗，可以吸引读者注意。

❷ 整体颜色属于灰色调，温婉、庄重。

❸ 上下结构的排版设计，简单、饱满。

✌ **色彩延伸：**

6.2.3 斜体文字——活泼

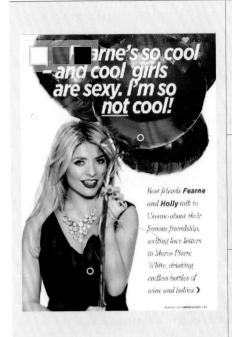

色彩说明：在该作品中画面颜色简单、鲜艳，白色的背景增加了作品的空间感，洋红色的气球颜色艳丽，活跃了整个画面的氛围。

设计理念：白色的文字在洋红底色的突显下更加夺目，倾斜的文字增加了画面的韵律，使整个画面活泼、生动。

色值	说明
0,0,0,0	❶ 作品中文字倾斜，使整个画面活泼、生动。
0,61,26,22	❷ 配色简单、干净，使人眼前一亮。
14,23,0,91	❸ 文字与图案相结合，增强了画面的互动性。

色彩延伸：

6.2.4 斜体文字——趣味性

色彩说明：作品中的配色给人一种轻松愉悦的感觉，配合画面中的卡通形象，给读者一种童真、童趣的感觉。

设计理念：倾斜的文字创意感十足，让本身就充满可爱感觉的作品更加具有趣味性。

色值	说明
41,1,0,39	❶ 作品配色给人轻松、愉悦的感觉。
0,46,94,5	❷ 倾斜的文字增加了画面的趣味性。
0,11,28,0	❸ 变形的艺术字与画面风格统一。

色彩延伸：

6.2.5 艺术字——强化主题

✎ **色彩说明**：黄色给人一种温暖、热情的感觉。在招贴中使用大面积的黄色，可以用来增加受众的注意力。

✐ **设计理念**：艺术字在版式设计中也占有很重要的地位，优秀的艺术字可以起到强化主题、增加画面美感的作用。

| 9,0,9,74 |
| 0,0,0,0 |
| 0,5,90,0 |

❶ 作品中以黄色为主色调，吸引人们视线。

❷ 艺术字在作品中的适当运用增加了作品的观赏性。

❸ 艺术字的应用起到了强化主题的作用。

✌ **色彩延伸**：

6.2.6 艺术字——增加美感

✎ **色彩说明**：洋红色是青春朝气的颜色，让人心情愉悦。作品中洋红色的应用在背景部分，使画面在吸引人注意的同时也没有抢主题文字的风头。

✐ **设计理念**：艺术字可以增加画面的美感，让整个画面创新且具有美感。

| 0,75,41,23 |
| 0,13,99,0 |
| 0,83,5,55 |

❶ 作品配色合理，主次分明。

❷ 艺术字美观、大方，贴合主题。

❸ 画面整体结构紧凑，信息传播性强。

✌ **色彩延伸**：

6.2.7 大文字——抢眼

✎ **色彩说明：** 作品画面整体颜色健康、自然、清新脱俗。使用类似色对比的配色方法，使画面色调统一又富有变化，这是在设计中常用的色彩搭配方法。

✎ **设计理念：** 大文字在版式设计中可以起到突出重点，强调重心的作用。大文字的应用更容易吸引受众的眼球。

49,0,13,41	❶ 颜色搭配年轻活力。
0,5,91,0	❷ 大文字在版面中大气、抢眼。
58,0,61,41	❸ 画面中细节装饰丰满、紧凑。

✌ **色彩延伸：**

6.2.8 大文字——个性

✎ **色彩说明：** 画面以生命的颜色绿色为主色调，用色大胆，贴合主题。使受众既能感受到自然的气息，也能深深体会设计师所要表达的深意。

✎ **设计理念：** 在作品中各种元素围绕着文字进行排版，使本来死板的文字变得生动有趣富有个性。

83,0,84,54	❶ 画面颜色清新、活泼，亲近自然。
4,0,45,0	❷ 大文字的排版方式个性十足。
0,0,0,100	❸ 油漆装饰使画面生动、跳跃。

✌ **色彩延伸：**

6.2.9　小文字——别致

✎ **色彩说明：** 作品采用具有浪漫气息的紫红色调，在浪漫中流露着丝丝野性，与商品的颜色协调统一。

✐ **设计理念：** 在作品中，无论文字大小都是用来传递信息的。传递信息的重要程度影响了文字在版面中的排列大小。小文字的制作更能体现设计师对细节的表现手段。

88,75,0,44
37,63,0,47
0,86,44,31

❶ 颜色艳丽，符合画面主题。
❷ 小文与大文字配合默契。
❸ 画面中人物的形象与产品的造型很贴切。

✌ **色彩延伸：**

6.2.10　小文字——精巧

✎ **色彩说明：** 沉稳大气的灰土色调，带着一种苍劲、古朴的美感。用在科技类平面广告中，新颖独特，让受众过目难忘。

✐ **设计理念：** 一般情况下，小文字的信息传递能力都比较弱。但是小文字在设计中是不可缺少的元素，它可以在传递信息的同时，进行版面的装饰。

0,38,52,92
0,27,52,75
0,22,46,39

❶ 咖啡色调的配色方案使画面大气、厚重。
❷ 小文字精巧、别致，打破画面死板、沉默的布局。
❸ 科技类商品使用咖啡色调，时尚、创新。

✌ **色彩延伸：**

6.2.11 动手练习——使标题文字更加突出

标题文字主要的目的是吸引公众的注意，达到信息传递的功能。在版式设计中，过于单薄的标题文字是很难吸引公众注意的。该作品修改之前，标题文字过于纤细，导致标题不够醒目。在修改之后，将文字加粗处理，还制作了立体效果，使标题文字更加突出、醒目。

6.2.12 设计师谈——统一文字颜色与画面颜色

版面中的文字与画面是相辅相成的关系，文字颜色利用相似色或邻近色的配色原理进行颜色的选择，可以达到文字颜色与画面颜色相统一的目的。

6.2.13 配色实战——柔和色调的配色方案

双色配色	三色配色	四色配色	五色配色

6.2.14 常见色彩搭配

浓郁		鲜活	
平和		妩媚	
古朴		无邪	
沉淀		初生	

6.2.15 猜你喜欢

♣ 6.3　目录

目录是图书内容的提纲，显示图书内容章节在结构层次上的先后。通过目录，可以全面反映本书所要论述问题的各个方面。所以，书籍目录设计的合理与否会在很大程度上影响读者的阅读体验。

✎ 平衡型的目录给人一种视觉上的平衡感。

✎ 创新型的目录给人一种创新、新奇的感觉。

✎ 紧凑型的目录给人一种集中、紧凑，正式的感觉。

✎ 简洁型的目录给人一种简单、明了的视觉感受。

✎ 规整型的目录简单、大方，方便阅读。

✎ 欣赏型的目录更注重形式美感，使画面更具观赏性。

☞ 在以前，目录页的作用仅仅局限于它的检索功能，而审美功能和设计内涵往往被忽视。随着电脑技术的不断发展，目录页的设计也更加多元化。现在的目录不仅具有检索功能，还更具观赏性，有较高的艺术价值。☜

6.3.1 目录——平衡

✎ **色彩说明：** 蓝色系的底色安静、华丽。配上白色的文字，不仅提亮了画面整体的颜色，还方便了文字的阅读。

✎ **设计理念：** 左右结构的布局让人视觉集中，装饰图案让原本死板的目录，充满了平衡感，增加了趣味性。

❶ 作品中大文字与小文字的搭配让读者更容易抓住重点。

❷ 分割线的使用，使画面层次分明。

❸ 左侧装饰图案的选用使画面颜色多样化。

| 0,99,43,7 |
| 8,7,0,17 |
| 100,42,0,62 |

✌ **色彩延伸：**

6.3.2 目录——创新

✎ **色彩说明：** 橙色是十分活泼的色彩，是暖色系中最温暖的色彩。在作品中以橙色为背景，吸引了读者的注意力。

✎ **设计理念：** 作品中主要是通过使用图案来吸引读者的注意，文字在版面的下方，打破常规的模式，创新的同时与整个版面协调统一。

❶ 作品颜色吸引读者。

❷ 图文并茂，增加读者兴趣。

❸ 文字在版面的下方，排版新颖独特。

| 0,62,85,0 |
| 0,49,91,1 |
| 0,17,36,13 |

✌ **色彩延伸：**

6.3.3　目录——紧凑

色彩说明： 白色的页面加上蓝色与洋红的装饰使整个画面清新活泼。对于文字较多的页面，颜色的搭配也尽量不要太复杂，否则会让读者产生疲劳感。

设计理念： 作品中的版式紧凑，文字部分整齐有序，图案部分规矩、协调，这是在目录排版中常用的方法之一。

70,25,0,15	
0,91,43,5	
0,49,74,10	

❶ 颜色干净、简洁。

❷ 结构紧凑、丰满，可读性强。

❸ 文字大小变换明显，方便读者找到重点。

色彩延伸：

6.3.4　目录——简洁

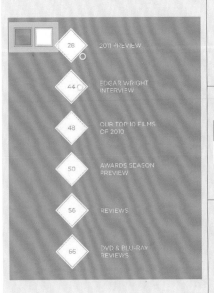

色彩说明： 白色和蓝色相互搭配使整个页面清爽、干净。简洁的颜色搭配更强调了独特的设计风格。

设计理念： 简短的文字使读者对目录所要表达的信息一目了然。

94,26,0,5	
0,0,0,0	

❶ 画面颜色简单，让人觉得平和、理智、纯净。

❷ 简洁的文字信息性强。

❸ 创意的菱形图标，增加了画面的稳定性。

色彩延伸：

6.3.5 目录——规整

✎ **色彩说明：** 作品中颜色分布的区域在中上部，紧紧地吸引了人的眼球。画面整体颜色倾向于灰色调，给人一种沉静、阴霾的感觉，吸引读者注意。

✍ **设计理念：** 上下结构的构图，让版面清晰、自然。使读者在翻阅过程中可以直观地了解版面所要表达的信息。

12,0,5,49
0,80,89,38

❶ 版面清晰，构图严谨。
❷ 标题与页码突出，便于查找。
❸ 文字与图片相关联，使整个版面生动有趣。

✌ **色彩延伸：**

6.3.6 目录——分割

23,98,92,0   62,11,13,0   62,52,50,1

❶ 页码的文字被加粗处理，可以让它变得突出。
❷ 该页面上方为图片，下方为目录，这样图文混排的方式，可以让目录页充满趣味性。
❸ 杂志的版面可以说是"寸土寸金"，该页面内容丰满，充分利用了版面的空间。

✎ **色彩说明：** 在该页面中，目录中的文字选择了多种颜色，这样的设计能够让主题突出，信息有次序的传递。

✍ **设计理念：** 将目录分为三栏，可以减轻阅读压力，让目录的条理更加清晰。

✌ **色彩延伸：**

6.3.7 动手练习——为目录换一个灵活的版面

目录在排版中不仅要注意它的实用性，还要注意它的美观性。在本案例中，修改之前的目录版面过于死板；经过修改后，目录的版式变得更加灵活、美观。

6.3.8 设计师谈——无彩色搭配、单色搭配、两色搭配、三色搭配

作为色彩搭配"新手"的朋友需要学会色彩的"减法"，当画面颜色混乱不堪，或者配色方案无从下手时，可以尝试从简单的单色搭配开始，然后逐渐添加颜色的数量，循序渐进地了解单色、双色、三色甚至是多色搭配的方法。

无彩色搭配	单色搭配	两色搭配	三色搭配
✤ 无彩色搭配很容易产生消极的色彩印象，所以通常会与有彩色进行搭配使用。	✤ 单色搭配设计虽然比较平淡，但确是一种非常简单并且不容易出错的搭配方式。白色的背景是无彩色，而浅粉色则给人一种柔美的感觉。	✤ 添加了另外一种颜色构成了双色搭配，玫瑰红色的加入增加了画面的丰富感。	✤ 由三种颜色构成了这张卡片，以浅玫瑰红色为主色调，玫瑰红色为辅助色，褐色为点缀色。中明度的色彩基调给人一种柔和、舒服的感觉。

6.3.9　配色实战——三折页宣传单的配色方案

双色配色	三色配色	四色配色	五色配色

6.3.10　常见色彩搭配

鲜活		灿烂	
坚强		自然	
妖娆		科技	
鲜明		富足	

6.3.11　猜你喜欢

首字强调是在版式设计中有意识地对文章首字母进行的特殊设计。这样的设计可以使文字部分更加醒目，增加了整个画面的层次感。

✎ 常规型的首字强调虽然比较保守，但是也可以起到强调、突出的作用。

✎ 和谐型的首字强调通常与版面中的内容相统一。

✎ 夸张型的首字强调是将首字做夸张处理，使其更加具有吸引力。

✎ 时尚型的首字强调具有时尚气息，一般应用于时尚杂志中。

☞ 在版面中首字强调的应用不仅可以起到强调、突出的作用，还可以美化版面，增加整个版面的观赏性。在版面设计中，不仅要注重版面中文字的整体性，还要注意版面的美感，从而增加版面的吸引力。☜

6.4.1　首字强调——常规

📎 **色彩说明：** 该案例的背景图采用了简约的版画效果，黑与白的强烈对比为画面制造了强烈的空间感。

✏️ **设计理念：** 作品中的"首字强调"使用了常规的方法，简单、保守、不夸张，但是起到了吸引读者注意的目的，适合版面整体风格。

0,0,0,0

0,0,0,100

❶ 文字摆放位置新型、独特，打破常规。
❷ 整个版面内容简单，更容易吸引读者。
❸ 版面颜色具有明显的时代感。

✌️ **色彩延伸：**

6.4.2　首字强调——和谐

📎 **色彩说明：** 版面上半部分的图像画面采用了大面积的灰暗、阴沉色调，搭配明亮的高光区域，对比强烈，使画面充满了艺术的气息。

✏️ **设计理念：** 首字母与正文的对比手法，可以突出文字，使画面更加和谐、美观。

19,0,19,58

0,35,31,11

0,56,43,53

❶ 画面整体精致协调，上图下文版式紧凑。
❷ 标题文字简约大方，个性时尚。
❸ 首字强调和谐、美观，吸引了读者的注意。

✌️ **色彩延伸：**

6.4.3 首字强调——夸张

🖊 **色彩说明：** 在颜色的选择上采用了带有灰度的紫色系，使整个画面弥漫着安静、柔和的气息，像童话场景中某一处被人遗忘的角落，使人产生无限幻想。

🖊 **设计理念：** 作品中首字强调很夸张，但是与整个版面衔接紧密。这样的布局能够将读者的视线从复杂的标题处引导到正文中来。

0 ,46,15,72

0,45,15,72

0,62,46,19

❶ 夸张的首字强调起到了很好的突出作用。
❷ 字体在版面中不断变化，产生不同的视觉效果。
❸ 左文右图的版面设计规则大方，符合读者的阅读习惯。

✌ **色彩延伸：**

6.4.4 首字强调——时尚

🖊 **色彩说明：** 作品颜色鲜艳明亮，红色与黄色的搭配让整个画面热情洋溢。

🖊 **设计理念：** 首字强调与版面中的商品相结合，不仅起到了引导的作用，还起到了装饰版面的作用。首字强调使用的字体不仅跳跃、突出，而且与版面相融合，充满了时尚气息。

0,15,69,13

0,88,84,29

45,43,0,65

❶ 数字与版面相结合，使整个版面自然、紧凑。
❷ 色彩搭配引人注目，引起读者的购买欲望。
❸ 每种元素关系紧密，使读者阅读方便。

✌ **色彩延伸：**

6.4.5　动手练习——利用首字强调增加文字吸引力

首字强调可以增加文字部分的吸引力，使版面更加具有层次感觉。在本案例中修改之前的文字枯燥、乏味；经过修改后，文字部分的吸引力增加了，版面也更灵活了。

6.4.6　设计师谈——首字下沉

首字下沉是将段落的第一行第一字字体变大，并且向下一定的距离，与后面的段落对齐，段落的其他部分保持原样。首字下沉可以吸引读者的注意，引发读者的阅读兴趣。

6.4.7　配色实战——名片的配色

双色配色	三色配色	四色配色	五色配色

6.4.8 常见色彩搭配

深邃		风格	
繁茂		格调	
健康		韵味	
沉淀		多情	

6.4.9 猜你喜欢

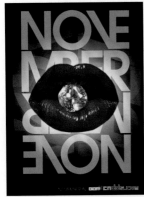

7.1.5 儿童类——封面

✎ **色彩说明：**封面中书名颜色和背景颜色是互补的关系，这样的搭配增加了画面的视觉冲击力。

✐ **设计理念：**儿童类读物的封面设计通常采用鲜艳的颜色和活泼的画面，这样可以很好地吸引小朋友的注意。

2,0,95,5	❶ 书籍名称活泼，随意，与版面风格相一致。
40,17,0,24	❷ 版面中没有过多文字，简洁生动。
0,2,11,2	❸ 趣味十足的封面设计，吸引小朋友的购买欲。

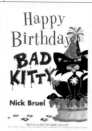

✌ **色彩延伸：**

7.1.6 儿童类——内页

✎ **色彩说明：**版面左侧插画运用同类色推移的方式进行绘制，这样的方式使画面空间感强烈。

✐ **设计理念：**在儿童读物中图案的添加比重应该大一些，因为儿童注意力集中的时间比成人短，利用图案可以吸引儿童的注意力。

7,3,0,9	❶ 跨版式的插画增加了版面的连贯性。
0,27,14,23	❷ 插画绘制精巧，提升版面档次。
0,56,2,58	❸ 文字与图案布局合理，在吸引孩子阅读的同时又不会分散孩子注意力。

✌ **色彩延伸：**

7.1.7 社科类——封面

| 0,0,0,0 | 85,52,9,0 | 94,80,0,0 | 44,5,88,0 |

❶ 封面中插画选择了比较专业图片，能够吸引读者的注意，这能表现出这期刊物的主题。

❷ 青色的背景搭配白色的文字，整个画面充满了色相上的对比，提高了文字的可读性。

❸ 作品中标题文字错落有致，这样的安排可以让信息有顺序地传递，也让画面效果不再枯燥。

✎ **色彩说明：** 该网页采用单色调的配色方案，青色调的颜色给人一种科技、先进的心理感受。

✎ **设计理念：** 这是一个杂志封面，画面内容丰富，杂志名称被加粗处理，增加了杂志名称的识别性。

✌ **色彩延伸：**

7.1.8 社科类——内页

✎ **色彩说明：** 该作品以橙色为主色调，属于单色调的配色方案，色调和谐、统一，整体给人一种欢乐、热情的感觉。

✎ **设计理念：** 这是一个社科类的杂志版式，分栏的构图方式可以减轻阅读的压力，还能让每一篇文章呈现独立的状态，在阅读中不易混淆。

| 4,62,87,0 | 1,18,32,0 | 0,0,0,0 |

❶ 该作品采用图文混排的方式，文字与图案衔接紧密，条理清晰。

❷ 暖色调的配色方案让人觉得亲近、友好，为阅读带来愉悦之感。

❸ 版面右上角的人物面带微笑，很有吸引力。

✌ **色彩延伸：**

7.1.9　动手练习——更换为突出主体的背景

在平面设计中，一个合适的背景颜色会直接影响到整个画面的品质。背景颜色不仅要和谐统一，最重要的是能使视觉重心突显出来。

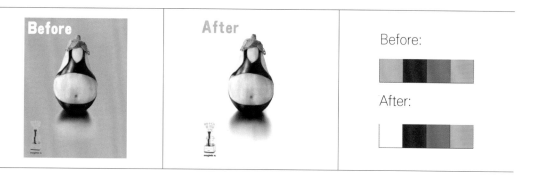

7.1.10　设计师谈——调整色彩领地

色彩的面积影响着视觉效果，不同的面积或位置也可能会使画面呈现出截然不同的视觉效果。对于有主次分明的画面内容，对色彩面积的控制更是尤为重要。

✿ 给人一种拥挤，笨重的感觉。

✿ 因为大面积的留白给人更强的空间感。使公众的视觉范围更加辽阔。

7.1.11　配色实战——请柬封面的常见色彩搭配

双色配色	三色配色	四色配色	五色配色

7.1.12　常见色彩搭配

坦然		贫苦	
深邃		甜点	
华彩		飘逸	
洒脱		低调	

7.1.13　猜你喜欢

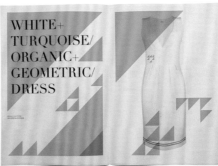

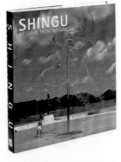

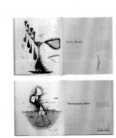

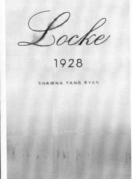

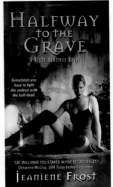

创意 \ 多彩 \ 规整 \ 连贯

报纸是以刊载新闻和时事评论为主的定期向公众发行的印刷出版物，是大众传播的重要载体，具有反映和引导社会舆论的功能。随着信息产业的细分和市场竞争的日益激烈，作为平面媒体的报纸，在定位、版式上也发生了巨大的变化。如今的报纸内容也较为人性化，版式设计追求风格统一，新闻层次突出。也更符合人的视觉需求、视觉流程。

✎ 创意：标新立异的版式能吸引读者注意。

✎ 多彩：版面中颜色变化丰富，可以增强报纸的识别性。

✎ 规整：规整的版面设计给人一种正式、权威的感觉。

✎ 连贯：连贯的版式设计使读者在不知不觉的阅读中能得到美的享受。

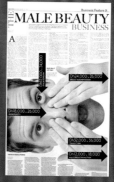

☞ 21世纪的媒体被认为进入了"读图时代"，报纸、杂志以及网络都充斥着各种各样的精美图片。如果图片没有新意，就很难吸引读者的眼球。这就要求设计师在选取图片时要考量图片的题材、角度以及构图是否独特，有没有出新。☜

7.2.1 创意

色彩说明： 版面中采用了几种彩度并不高的高级灰颜色作为装饰，在白色底色的衬托下显得整个版面明快、活跃。

设计理念： 为了将信息有秩序地排列在版面中，在排版时都会采取分栏的处理方式，这样可以帮助读者理解信息，还可减少阅读疲劳。

25,14,0,46
0,55,46,39
0,5,13,0

❶ 利用插画将版面进行分割，这样的方式生动、有趣，富有创意。

❷ 分割线的使用，将版面清晰地进行规划。

❸ 彩色的报纸打破常规报纸所带来的严肃感觉。

色彩延伸：

7.2.2 多彩

色彩说明： 黄色给人一种明亮、温暖的感觉。作为食物的配色，使用黄色可以起到刺激食欲的作用。

设计理念： 在报纸中使用丰富多彩的颜色可以起到吸引读者注意、增加读者兴趣的作用。

0,28,76,17
0,10,73,21
0,67,52,35

❶ 骨骼型的版式设计使整个版面具有条理性。

❷ 通栏的编排让读者在阅读时思路清晰。

❸ 作品通过合理的排版，将版面空间最大化利用。

色彩延伸：

7.2.3　规整

✎ **色彩说明：** 在适当的位置将文字颜色进行更改，这样的改变不仅起到了活跃版面的作用，还起到了吸引读者注意的目的。

✐ **设计理念：** 将版面规整地进行分割，版面不仅会显得整齐大方，还方便读者阅读。

| 100,15,0,90 |
| 95,37,0,36 |
| 0,0,24,0 |

❶ 作品根据版面中内容建立独特的风格。

❷ 适当添加颜色，可以吸引人的注意力。

❸ 在行文中插入图片可以引起读者的阅读兴趣。

✌ **色彩延伸：**

7.2.4　连贯

✎ **色彩说明：** 褐色的主体颜色，搭配褐色的标题文字使画面色调统一，和谐又美观。

✐ **设计理念：** 作品全盘统筹，让读者感到版面从头至尾始终如一，具有内在的逻辑性、运动感和节奏感。

| 0,6,9,39 |
| 0,0,3,17 |
| 0,100,100,88 |

❶ 文字以块状编排在版面中，使阅读更具有节奏感。

❷ 分割线的使用使版面条理清晰。

❸ 趣味性的插图吸引读者兴趣。

✌ **色彩延伸：**

7.2.5 动手练习——增加画面明度使画面视觉冲击力更加强烈

平面设计作品的明度会影响到画面整体的视觉冲击力，高明度的设计作品给人一种前进和膨胀感，所以更容易吸引公众的注意，引起他们的兴趣。

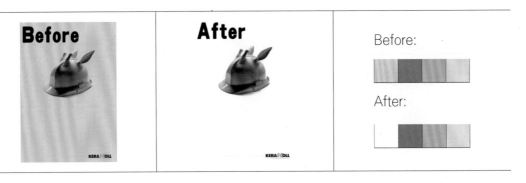

7.2.6 设计师谈——互补色在平面设计中的应用

互补色给人一种较强的视觉冲击力，是在平面设计中经常使用到的配色方案。作品中的视觉重心就是利用互补色的配色原理进行色彩搭配的。

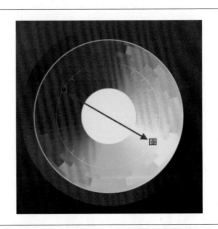

7.2.7 配色实战——低纯度配色方案

双色配色	三色配色	四色配色	五色配色

7.2.8　常见色彩搭配

斑斓		馨香	
警惕		昌盛	
轩昂		随心	
做作		娇媚	

7.2.9　猜你喜欢

时尚类 \ 人文科学 \ 技术类 \ 艺术类

杂志是有固定刊名,以期、卷、号或年、月为序,定期或不定期连续出版的印刷读物。最早的杂志形成于罢工、罢课或战争中的宣传小册子,这种类似于报纸注重时效的手册,兼顾了更加详尽的评论。杂志的种类繁多,根据出版刊物的定位,来选择杂志的版式设计,可以有效地引导读者阅读,达到传达信息与销售的目的。

✎ 时尚杂志:时尚类杂志要注意读者的感官享受,在排版中更要注意图案的运用。

✎ 人文科学杂志:文字与图案关系紧密,图案应该具有观赏性和说明性。

✎ 技术杂志:版式中的图案有解释、说明的作用,与文字的关系要连贯,明确。

✎ 艺术杂志:图案的选择要更具艺术性,在排版中应该更加灵活、大胆、创新。

☞ 杂志与书籍不同,读者在观看杂志时可以随意翻阅,不用从第一页开始依次往后面阅读也可以清楚阅读内容。读者还可以根据兴趣爱好进行选择性阅读。在编排杂志的时候要根据不同的内容选择适当的版面结构。☜

7.3.1　时尚类——封面

✎ **色彩说明：** 黄色在洋红色背景的衬托下显得更加夺目，可以很好地吸引读者注意。

✎ **设计理念：** 满版型的封面给人一种大方、活力的感觉。

| 0,23,31,17 |
| 0,10,89,0 |
| 0,59,6,39 |

❶ 杂志名称的确定可以建立品牌效应。
❷ 人物左右两侧的文字为杂志中的主要内容。
❸ 文字以大小、颜色进行区分增加了版面的灵动性。

✌ **色彩延伸：**

7.3.2　时尚类——内页

✎ **色彩说明：** 黄色是颜色中明度较高的颜色，有警示、提醒的作用，作品上方的黄色边框很夺目、吸引人的注意力。

✎ **设计理念：** 时尚类杂志一般多以展示商品为主，为了可以让读者更容易理解商品，一般使用并置的排版方式。

| 47,38,0,35 |
| 0,8,30,45 |
| 0,6,98,0 |

❶ 作品连贯性强，增加了阅读的节奏。
❷ 适当地将图片旋转不仅吸引了读者注意力，还起到了突出的作用。
❸ 杂志属于连续性平面排版方式，采用分栏的方式进行编排，可以理性地将元素合理排列。

✌ **色彩延伸：**

7.3.3 人文科学——封面

✎ **色彩说明：** 黄色的边框格外醒目，黄色与黑色的搭配增加了整个画面的明暗对比度。

✐ **设计理念：** 杂志封面选用本期中的内容，可以起到突出主题的作用。

0,8,100,0
0,12,14,6
55,13,0,7

❶ 作品以黄色边框建立品牌效应。

❷ 杂志本期主题明显。

❸ 纯黑色的背景有稳定画面色调的作用。

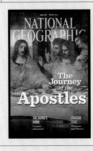

✌ **色彩延伸：**

7.3.4 人文科学——内页

✎ **色彩说明：** 作品采用高明度低纯度的配色方法，由于色彩比较淡，对比弱，进而营造出一种轻松自由的画面氛围。

✐ **设计理念：** 满版型的版式给人一种很强的视觉冲击力。

2,4,0,23
25,17,0,38
0,15,15,63

❶ 标题颜色是从画面中吸取的颜色，颜色和谐。

❷ 画面中飞翔的鸟给人一种动感。

❸ 背景被虚化了，可以更好地突出主题。

✌ **色彩延伸：**

7.3.5　技术类——封面

✎ **色彩说明**：作品人物脸面部分为彩色和黑白，增加了视觉冲击力。

✍ **设计理念**：杂志名称与版面中其他元素分离开，达到醒目的效果，给人留下深刻的印象。

0,73,81,5
0,10,20,3
0,9,80,7

❶ 将本期重点编辑在封面中，可以让读者快速了解本期内容，从而达到吸引读者的目的。

❷ 作品利用表情与颜色进行对比，这样的方式新颖独特。

✌ **色彩延伸**：

7.3.6　技术类——内页

✎ **色彩说明**：红色的底色给人警醒、强调的感觉。

✍ **设计理念**：技术类杂志多以图文并茂的方式进行编排，以图来解说文字可以让读者更容易理解文字所表述的内容。

0,83,77,26
0,0,0,0
61,53,0,57

❶ 将图集中排列在版面中，不仅美观而且实用。

❷ 将文案部分分栏处理，可以方便读者阅读。

❸ 标题简短有说服力，更容易吸引读者注意。

✌ **色彩延伸**：

7.3.7　艺术类——封面

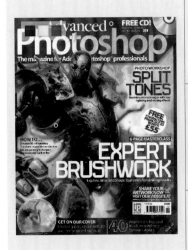

✎ **色彩说明：** 以红色调为封面的主色调，配合明度较高的黄色，使画面颜色富有力量感。

✎ **设计理念：** 选用本期重点作为本期的封面是常用的方法，配合封面的主要色调改变刊物名称的颜色使封面色调和谐统一。

0,29,53,61
0,8,13,0
0,57,68,31

❶ 艺术类杂志封面大多以个性、前卫为主题。
❷ 将本期重点以文字的形式进行突出，吸引读者。
❸ 带有渐变感觉的刊物名称给人能量、动感的感觉。

✌ **色彩延伸：**

7.3.8　艺术类——内页

✎ **色彩说明：** 低明的灰色给人一种颓废、消极的感觉，这样的背景颜色与插画的风格相统一。

✎ **设计理念：** 杂志版式在编排中应该考虑到页与页之间的联系，整个版面使用灰色的背景色，就是起到了相互关联的作用。

6,3,0,56
0,8,12,30
33,14,0,92

❶ 添加白色边框的插画可以在灰色的背景中突显出来。
❷ 艺术类杂志在排版中要注重条理性。
❸ 作品以对比的方式进行排版，增加了文章的阅读兴趣。

✌ **色彩延伸：**

7.3.9 动手练习——增加画面颜色纯度

画面中的颜色纯度会影响到视觉印象，在本案例中，修改之前的颜色纯度偏低，给人一种灰暗、不美观的感觉。经过修改后，画面颜色纯度增加了，使画面颜色更加鲜艳、美丽。

Before:

After:

7.3.10 设计师谈——小清新色调的应用

小清新色调是最近几年流行起来的，这种风格没有严格的配色要求，主要的特点是色彩纯度较低，颜色偏灰，给人以清清爽爽、单纯、甜美的视觉印象。

7.3.11 配色实战——可爱风格色彩搭配

双色配色	三色配色	四色配色	五色配色

7.3.12　常见色彩搭配

民族		厚德	
内涵		清秀	
脱俗		精巧	
明丽		体贴	

7.3.13　猜你喜欢

电影海报 \ 文化海报 \ 商业海报 \ 公益海报

　　海报也称招贴，是现代广告中使用最频繁、最广泛、最便利、最快捷和最经济的传播手段之一。为了达到吸引顾客视线的目的，招贴可以采用简洁夸张的手法吸引顾客眼球，也可以采用丰富的画面传达宣传目的。这也就形成了现代的招贴设计不但具有传播实用的价值，还具极高的艺术欣赏性和收藏性的特点。

🖎电影海报：电影海报是影片上映前推出的一种招贴形式，用于介绍、推广电影。

🖎文化海报：文化海报是指各种社会文娱活动及各类展览的宣传海报。

🖎商业海报：商业海报是指宣传商品或商业服务的商业广告性海报。

🖎公益海报：公益海报带有一定思想性，对公众有教育意义。

☛　招贴要求版面具有强烈的视觉效果，使人在行走的时候就能被吸引。通常在版式设计中可以采用夸张、幽默、对比等手段来突出主题，产生强烈的视觉效果，从而达到传递信息的目的。☚

7.4.1　电影海报

✎ **色彩说明：**作品背景空间感十足，很有故事性，前景中钢铁侠红色和金色搭配的战衣华丽中透露出颓废的感觉。

✐ **设计理念：**电影海报主要的目的是吸引观众注意，从而起到刺激票房收入的作用。

56,3,0,71
74,27,10,0
0,78,66,52

❶ 以主演作为电影海报的主体，可以吸引观众。
❷ 画面内容一目了然，简洁明确。
❸ 作品所要表达的内容故事性强，吸引观众购买欲望。

✌ **色彩延伸：**

7.4.2　文化海报

✎ **色彩说明：**黄色搭配黑色有着一种严肃、华丽的感觉，整体配色大气、华丽又不失庄重。

✐ **设计理念：**文化海报是指各种社会文娱活动及各类展览的宣传海报。

0,21,49,37
0,15,35,9
0,29,66,84

❶ 作品所要传达的内容明确。
❷ 文字使用黄色起到了色调统一的作用。
❸ 满版型的海报设计给人一种大气、舒展的感觉。

✌ **色彩延伸：**

7.4.3　商业海报

✎ **色彩说明：** 低明度的背景起到了突显文字的作用。重点文字使用黄色，不仅起到了突出的作用，还起到了装饰的作用。

✐ **设计理念：** 商业海报主要是宣传商品或商业服务的海报。商业海报的设计，要恰当地配合产品的格调和受众对象。

0,22,98,23
0,1,2,31
21,50,0,91

❶ 右侧的装饰增加作品的灵动性。

❷ 文字规则，方便阅读。

❸ 作品明暗对比强烈，增加了视觉冲击力。

✌ **色彩延伸：**

7.4.4　公益海报

✎ **色彩说明：** 冷色调的画面让人感觉冰冷、严肃。灰色渐变的背景简单又有空间感。

✐ **设计理念：** 公益海报有一定思想性，带有教育、警示的意义。

2,2,0,18
48,1,0,13
20,0,73,50

❶ 作品为预防全球变暖公益海报。

❷ 作品创意独特，意义明确。

❸ 作品选用类比色的配色方式，画面颜色变化又和谐。

✌ **色彩延伸：**

7.4.5 动手练习——为矿泉水海报更换一个背景

在本案例中，将作品中绿色的背景更换为蓝色。通过更改背景颜色，体会不同颜色背景所带来的不同的视觉感受吧！

7.4.6 设计师谈——巧妙利用调和色

调和色是指调整画面整体色彩效果的色彩。在具有明度差的配色中使用调和色的效果最佳。本案例中的白色起到了调和的作用。

❖ 如果使用同类色，或者邻近色的配色方案，会使画面变得笨拙、死板，没有生气。

7.4.7 配色实战——卡片色彩搭配

双色配色	三色配色	四色配色	五色配色

7.4.8 常见色彩搭配

落寞		质朴	
浮夸		通透	
简陋		单纯	
犹豫		忧郁	

7.4.9 猜你喜欢

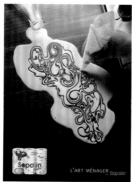

广告单页 \ 广告折页 \DM 杂志 \ 企业宣传册

DM 是英文 Direct Mail advertising 的省略表述，直译为"直接邮寄广告"，即通过邮寄、赠送等形式，将宣传品送到消费者手中、家里或公司所在地。

✎广告单页：文字与图案紧密结合，版面内容丰富，阅读更加具有条理性。

✎广告折页：主要文字与图案具有连贯性、整体性。

✎ DM 杂志：版式清晰，条理明确。在传递信息的同时也应该注意受众的视觉感受。

✎企业宣传册：企业宣传册以企业文化、企业产品为传播内容，是企业对外最直接、最形象、最有效的宣传形式。

☛　广告宣传册通常以良好的创意、富有吸引力的设计来吸引目标对象，以达到较好的信息传达效果。在版面编排上有很大的灵活性，通常使用视觉效果强烈的图片来增加版面的吸引力。☚

7.5.1 广告单页

✎ **色彩说明**：黑色搭配黄色给人极强的视觉冲击力，在黑色的衬托下黄色的线条越发地引人注目，让受众印象深刻。

✐ **设计理念**：直邮广告的针对性很强，在设计时可以根据内容有针对性地进行设计。

0,0,0,100	❶ 画面动感活力，吸引人注意。
0,34,82,47	❷ 纯黑色的使用，让作品个性、特别。
0,29,85,19	❸ 简洁的版面，主题明确，起到了宣传商品的作用。

✌ **色彩延伸**：

7.5.2 广告折页

✎ **色彩说明**：深洋红色不仅打破了黑白灰所带来的沉闷感，还增加了几分女性的温柔、妩媚。

✐ **设计理念**：折页的设计注重文字与图案的连贯性，通过对各个折叠区的精心分布，达到吸引受众的目的。

0,0,0,11	❶ 作品通过独特的设计吸引人注意力。
2,0,11,79	❷ 作品内容丰富，给人一种充实的感觉。
0,87,47,27	❸ 通过将每一个区域放置不同的内容，使读者在观看时产生一个先后顺序。

✌ **色彩延伸**：

7.5.3 DM 杂志

✎ **色彩说明：** 高明度的背景颜色将整个版面的色彩感觉都提亮了。

✐ **设计理念：** 作品以内容为重心，图文并茂地展示了商品。这样不仅增加了商品的说服力，还建立了品牌效应。

0,0,0,0
0,2,1,36
0,99,52,38

❶ 作品版式条理清晰，方便阅读。
❷ 洋红色与灰色的搭配产生一种放松、舒适的感觉。
❸ 留白的设计增加了版面的空间感。

✌ **色彩延伸：**

7.5.4 企业宣传册

✎ **色彩说明：** 红色给人热情、奔放的感觉，运用在企业宣传册的封面中可以增加感染力。

✐ **设计理念：** 企业宣传册的外观要美观大方，这样不仅能够显示企业形象，还可以给人留下深刻印象。

16,5,0,0
35,6,0,74
0,81,87,0

❶ 作品给人一种个性、青春的感觉。
❷ 作品开本的选择别出心裁。
❸ 从作品的封面就可以看出企业的文化。

✌ **色彩延伸：**

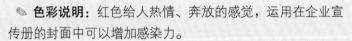

7.5.5 动手练习——为插图打造单色的复古色调

数码照片的修饰与润色也是平面设计中的一个重要环节。在时间的流逝中，越来越多的人开始回忆过去，复古色调总是能给人一种宁静与追忆。复古色调的平面设计利用得当可以紧紧地抓住人的眼球，给人留下深刻印象。

Before:

After:

7.5.6 设计师谈——大胆运用黑色

在设计中黑色是很纯粹、很个性的颜色，由于黑色的明度较低，所以设计师在选择使用黑色时都会特别慎重。正因如此，黑色调的设计作品常常会给人留下深刻的印象。

| ✿ 以黑色为背景颜色，利用颜色的明暗对比，将前景中的文字突显出来。 | ✿ 黑色是品质的象征，手表、汽车类海报设计经常会选用黑色作为海报的背景颜色。 |

7.5.7 配色实战——企业 VI 设计色彩搭配

双色配色	三色配色	四色配色	五色配色

7.5.8　常见色彩搭配

森系		亲善	
浮华		厚道	
丰收		可心	
科学		充实	

7.5.9　猜你喜欢

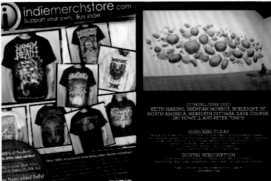

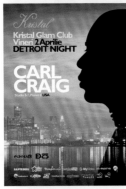

第 8 章 综合版式配色
■ Part Eight

Zong He Ban Shi Pei Se

♣ 8.1 活力旅游网站

8.1.1 项目分析

网页类型：空间型网页布局。

配色分析：互补色配色方案。

| 83,49,0,26 | 86,10,0,15 | 10,0,8,13 | 0,34,82,3 | 99,58,0,33 |

8.1.2 案例分析

❶ 作为旅游网站，在设计时应该注意网站整体的美观性。该作品给人一种较为强烈的空间感，布局紧凑，设计合理。例如相关景区的收费情况、联系电话、搜索功能等，布局规整且人性化。

❷ 在旅游网站设计中，配色应该选择一些能给人愉快感觉的配色方案。例如，在本案例中选择以蓝色为主色调，搭配橙色，这样的配色方案给人一种清新活力的感觉。

❸ 笑容是可以传染的，作品中人物满面笑容，极具感染力，让用户心情愉悦。

8.1.3　版式分析

（1）**空间型**　空间型的版面设计可以让有限的版面呈现出无限的空间。这样的设计可以缓解由于版面过于紧凑带来的压迫感。

（2）**简约型**　简约型的版面设计给人一种干净、简单的感觉，作品中只显示必要的相关信息，在方便用户的同时也可以加深用户的印象。

（3）**紧凑型**　将版面中的信息有秩序地进行集中排列，这是集中型的特点之一。作品将所有模块进行规整、紧凑的编排，给人一种整齐、正式的感觉。

8.1.4　配色方案

（1）明度对比

—— 低明度 ——	—— 高明度 ——

❀　作为旅游网站，配色方面应该给人一种清新、活泼的感觉，但是由于作品整体明度过低，给人一种刻板、生硬的感觉，无法吸引用户的注意力。	❀　由于网页是通过使用电脑显示器进行查看的，所以网页的颜色明度过高会造成视觉疲劳。明度较高的配色还会给人一种浮夸、轻薄的感觉。

（2）纯度对比

—— 低纯度 ——	—— 高纯度 ——

❀　颜色纯度过低会让整个界面缺乏生气，给人一种沉闷、颓废的感觉。这与旅游类网站的主题背道而驰。	❀　高纯度的颜色会吸引人的注意力，但是颜色纯度过高给人一种压迫、跳跃的感觉。所以要根据实际情况调整颜色的纯度。

（3）色相对比

—— 蓝色调 ——	—— 绿色调 ——

❀　蓝色调的背景给人一种沉闷的感觉，虽然蓝色与青色为类似色，但是蓝色没有青色那种清新、活泼的感觉。	❀　将色调改为绿色调，与背景中的海景色调不符，给人一种不自然、不和谐的感觉。

（4）面积对比

邻近色的大面积使用	辅助色的大面积使用

❖ 大面积临近色的使用，导致前景与背景颜色区别不大，导致前景不够突出。	❖ 作品虽然将前景颜色的亮度调高，但是缺少颜色变化，导致无法区分模块之间的关联。

（5）色彩延伸

绿色系	黄色系

❖ 很多旅游网站都会选用绿色调作为网站的主色调，这是因为绿色是自然的颜色，可以让用户感受到自然气息。	❖ 黄色调作为明度较高的颜色，可以吸引用户注意，还能够给人一种温暖、阳光、活力的感觉。

（6）佳作欣赏

♣ 8.2　创意电影海报

8.2.1　项目分析

海报类型：电影海报。

配色分析：互补色配色方案。

8.2.2　案例分析

❶ 带有渐变感觉的背景给人一种空间感，喷溅效果的添加使背景更加丰满。

❷ 前景中的文字不规则摆放，可以增加画面中的动感，活跃了画面的气氛。

❸ 适当地添加黄色可以增加作品的吸引力，起到了强调、吸引的作用。

98,31,0,84	84,20,0,35	49,27,0,34	0,28,97,0	0,0,0,100

8.2.3　版式分析

（1）**自由型**　自由型的版式设计给人一种无拘无束的感觉，这样的设计在生活中也是很常见的，但是自由型的版式设计会给人一种不规整、散漫的感觉，所以要根据作品的自身特点选择合适的版式。

（2）**居中型**　居中型的版式设计给人一种严谨、稳定的感觉，这种版式在海报设计中也是很常见的。在作品中文字颜色的纯度过低，起不到宣传的作用。

（3）**居右型**　作品居右型的版式给人一种个性、时尚的感觉。在文字的设计中除了标题和副标题部分有特色之外，其他文字都没有特色，缺乏变化。

8.2.4 配色方案

（1）明度对比

—— 低明度 ——	—— 高明度 ——

❖ 海报明度过低会给人一种沉闷、呆板的感觉，与海报风格相反，容易让人忽视。	❖ 在设计时通常会增加颜色的对比度来强调视觉效果，而不是一味地增加画面明度。

（2）纯度对比

—— 低纯度 ——	—— 高纯度 ——

❖ 作品颜色纯度过低会给人一种暗淡、破旧的感觉，与海报的主题不符。	❖ 颜色纯度过高会给人一种配色生硬、混乱的感觉。

（3）色相对比

—— 灰调 ——	—— 洋红色调 ——

❖ 将背景调整成灰色调，虽然提高了背景的明度，但是没有颜色的背景降低了画面的吸引力。	❖ 洋红色调的设计可以增加画面女性妩媚的感觉，但是缺乏颜色相互的对比，使作品没有重点。

（4）面积对比

—— 类似色的大面积使用 ——	—— 互补色的大面积使用 ——

❖ 在设计中类似色的配色方式很常见，但是作品缺乏明度的对比，导致作品整体颜色明度过低。	❖ 大面积使用互补色使作品重点增加，太多的重点就等于没有重点，最终导致主题不够突出的后果。

（5）色彩延伸

—— 彩色调 ——	—— 黄色调 ——

❖ 将背景更换为彩色调，可以活跃画面的气氛，增加作品的观赏性。	❖ 将黄色作为主色调，蓝色作为辅助色，这样不仅提高了作品的明度，还增加了画面的视觉冲击力。

（6）佳作欣赏

♣ 8.3 家具网站促销广告

8.3.1 项目分析

广告类型： 网站促销广告。

配色分析： 互补色配色方案。

6,4,0,3	68,39,0,10	0,11,76,1	0,48,8,0	0,6,26,3

8.3.2 案例分析

❶ 以高明度的浅灰色为背景给人一种干净、利落的感觉。将网格作为背景可以让整个版面看起来丰满且具有空间感。

❷ 互补色的应用增加了视觉冲击力，在吸引人注意的同时可以给人留下深刻印象。

❸ 作品简洁、大方，不仅可以通过广告语吸引用户，还可使用商品来吸引用户。

8.3.3　版式分析

（1）**自由型**　制作一个蓝色的圆形底色，然后将文字排列在上面，这样起到了突出的作用。将关键字增加字号起到了强调、突出的作用。

（2）**居中型**　作品将重点文字的字号增大，可以吸引用户注意。但是由于画面中的元素太多，文字显得过于凌乱，没能够将文字部分很好地突显出来。

（3）**倾斜型**　作品中文字部分与背景结合不够密切，使整个版面过于凌乱，毫无美感。

8.3.4　配色方案

（1）明度对比

── 低明度 ──	── 高明度 ──

❧ 作品降低明度后画面失去了吸引力，使原本干净、整洁的画面变得暗淡、浑浊了。	❧ 增加了作品的明度后整体颜色变淡了，细节表现得不够完整。

（2）纯度对比

── 低纯度 ──	── 高纯度 ──

❧ 低纯度的色彩搭配往往给人一种温柔、恬静的感觉，但是在作品中却给人一种过于沉闷、模糊的感觉。	❧ 增加画面颜色的纯度使颜色更加饱和，这样使作品更具有表现力，但是在实际操作中要根据作品的自身特点来设置颜色的纯度。

（3）色相对比

── 洋红色调 ──	── 黄色调 ──

❧ 将文字底色更换成洋红色，将辅助色更换为绿色这使原本理性的色彩搭配过于牵强、生硬。	❧ 更换色调后的画面整体颜色明度降低，在信息量庞大的网页界面中很难吸引消费者的注意。

（4）面积对比

—— 邻近色的大面积使用 ——

—— 互补色的大面积使用 ——

❖ 蓝色的明度较低，大面积使用蓝色降低了作品整体的明度。

❖ 作品背景颜色纯度和明度都太高，使前景文字失去了吸引力。

（5）色彩延伸

——淡粉色调 ——

—— 黄色调 ——

❖ 将该广告更改为低纯度、高明度的淡粉色调，可以让人从中感觉到家所带来的温馨、安逸的感觉。

❖ 将主色调更改为黄色，给人一种温暖的感觉。文字部分进行了描边处理，起到了突出、强调的作用。

（6）佳作欣赏

♣ 8.4 品牌服装宣传广告

8.4.1 项目分析

广告类型: 服装宣传广告。

配色分析: 邻近色配色方案。

| 0,99,59,37 | 0,100,59,72 | 0,100,58,0 | 0,0,0,100 | 0,96,82,27 |

8.4.2 案例分析

❶ 洋红色是女性的颜色，它没有红色那么热烈，反倒多了几分柔美、妩媚的感觉，使用洋红色作为作品的主色调与该海报的主题相吻合。

❷ 邻近色的配色方案使画面色调统一、和谐，同时用于色相、明度、纯度等关系使画面富有韵律，变化丰富。作品中的黑色起到了稳定、调和作用，增加了画面整体的层次感。

❸ 利用曲线将作品进行分割，起到了柔和过渡的作用。

8.4.3 版式分析

（1）**分割型** 以曲线将版面分为上下两大部分，这种分割方法给人一种流动的感觉。将部分文字作为两个版面的连接载体，匠心独运，别出心裁。

（2）**突出文字型** 将文字排列在图案上部，这样可以突出文字。但是作为服装类海报，主要是通过商品来吸引人注意，违背了海报的主题。

（3）**简约型** 将版面分为上下两个部分，在画面中除了图片和文字没有元素，使作品枯燥、无味。

8.4.4　配色方案

（1）明度对比

—— 低明度 ——	—— 高明度 ——

❖ 明度过低会影响画面整体的美观，从而降低信息传播性。

❖ 颜色明度过高会给人一种低端、廉价的感觉。

（2）纯度对比

—— 低纯度 ——	—— 高纯度 ——

❖ 降低画面的纯度使作品失去原有的美感，给人一种老气、晦暗的感觉。

❖ 颜色纯度过高会给人一种强烈、鲜明的感觉，有时也会产生一种生硬、不自然的感觉。

（3）色相对比

—— 绿色调 ——	—— 藏青色调 ——

❖ 将绿色作为主体颜色与女装主题不符，而且配色方面也不美观。

❖ 藏青色的明度较低，再加上背景颜色为黑色，这样的色彩搭配导致画面整体明度过低。

（4）面积对比

—— 邻近色的大面积使用 ——

❖ 类似色的大面积使用导致作品色彩单一，再加上颜色变化不大，导致画面混乱，主题不够鲜明。

—— 互补色的大面积使用 ——

❖ 互补色可以产生时间冲击力，但是运用不当会使画面产生杂乱、低端的感觉。

（5）色彩延伸

—— 紫色调 ——

❖ 将背景制作成带有空间感的效果，可以产生一种延伸的感觉。紫色调给人一种华丽、大气的感觉。

—— 黄色调 ——

❖ 将背景制作成同色系且渐变的效果，增加了画面的空间感。画面色调和谐、统一，主次分明。

（6）佳作欣赏

♣ 8.5 商场宣传招贴

8.5.1 项目分析

招贴类型：商场宣传招贴。
配色分析：互补型配色。

8.5.2 案例分析

❶ 红色与黄色搭配产生一种热情、张扬的感觉。作为商场宣传招贴可以起到吸引人注意的作用。

❷ 黄色与红色为对比色，这样的配色方案会让人产生一种明快、饱满、活跃的感觉。

❸ 作品中黑色具有稳定画面颜色的作用，张弛有度的配色方案适合作为商场宣传招贴。

| 0,18,60,15 | 0,15,49,0 | 0,80,78,17 | 34,0,56,23 | 0,21,79,56 |

8.5.3 版式分析

（1）**自由型** 作品中文字部分较少，主体文字居右对齐，整齐、美观，信息传播性强。其他元素自由排列给人一种放松、活跃的感觉。

（2）**居右型** 作品将文字居右排放，造成版面左侧留白较大，影响了美观。左下角的装饰元素位置太靠下，与整个版面关联不大，显得很突兀。

（3）**居中型** 将版面中所有元素居中排放，造成了版面拥挤、死板的效果。部分文字因为字体颜色等因素造成了阅读困难的现象。

8.5.4 配色方案

（1）明度对比

——低明度——

❖ 降低明度后的作品失去了原有热情、喜庆的感觉，失去了吸引力和号召力。

——高明度——

❖ 提高作品明度后整个画面的颜色对比减弱了，失去了原有的号召力。

（2）纯度对比

——低纯度——

❖ 降低颜色纯度后画面整体颜色对比被削弱了。

——高纯度——

❖ 高纯度的色彩搭配会给人一种刺激、冲撞的感觉。

（3）色相对比

——洋红调——

❖ 红色与洋红色的搭配会给人一种时尚、活力的感觉，但是因为颜色明度过高又缺乏变化，导致产生了一种轻浮、廉价的感觉。

——橙色调——

❖ 橙色的明度虽然比红色的明度高，但是没有红色的号召力强。

（4）面积对比

—— 类似色的大面积使用 ——

❖ 以暗黄色为背景颜色，色彩冲击力不够强，无法吸引受众注意。

—— 邻近色的大面积使用 ——

❖ 作品颜色缺少变化，影响美观。

（5）色彩延伸

—— 彩色系 ——

❖ 更换为多种颜色相结合的背景，增加了吸引力，但是由于背景颜色的纯度与前景颜色纯度接近，容易导致前景主体物不突出的情况。

—— 深色系 ——

❖ 将作品更换为低明度的背景后，可以将前景文字很好地突显出来。

（6）佳作欣赏

♣ 8.6 数码时尚杂志内页

8.6.1 项目分析

作品类型：数码时尚杂志内页。

配色分析：相似色配色方案。

67,17,0,36	0,8,33,4	0,70,45,6	74,19,0,31	86,0,75,25

8.6.2 案例分析

❶ 在该作品中插画占的比重较大，吸引读者注意。

❷ 右侧文字部分分布整齐，版面清晰。

❸ 作品中添加了很多趣味性元素，减轻了读者阅读的疲劳感。

8.6.3 版式分析

（1）居右对齐　作品将版面分为插画和文字两个部分。插画观赏性较强，达到了吸引读者注意的目的。右侧文字都为居右对齐，新颖、独特。

（2）居左对齐　文字居右对齐符合读者的阅读习惯，文字排版较为紧凑，缺乏创新。

（3）跨版型　将插画进行跨版排放是杂志排版中经常使用的方法，但是由于作品文字较多，将部分文字排放在插画上，影响了插画的观赏。

8.6.4　配色方案

（1）明度对比

❖ 降低作品明度后给人一种浑浊、灰暗的感觉，与作品所要表达的主题大相径庭。

❖ 明度过高导致作品颜色对比减弱，使作品缺乏体积感。

（2）纯度对比

❖ 低纯度的色彩对比给人一种消极、悲观、哀伤的感觉。

❖ 高纯度的颜色造成画面颜色混乱，主体不能够很好地突显出来。

（3）色相对比

——绿色调——	——紫色调——
❖ 以碧绿为主色调给人一种跳跃、不稳定的感觉，分散了读者注意力。	❖ 将作品更改为紫色调，这样使作品整体的明度降低了。

（4）面积对比

——类似色的大面积使用——	——互补色的大面积使用——

❖ 将右侧背景改为深青色，这样的背景颜色给人一种消极的感觉。	❖ 以黄色为文字部分的背景颜色，很容易造成视觉疲劳，这样的设计缺乏人性化。

（5）色彩延伸

——橘黄色调——	——图案色调——

❖ 将作品改为橘黄色调，左侧插画部分颜色对比更加鲜明，体积感强烈。	❖ 右侧文字部分添加了带有纹理的背景图案，使画面更加丰满、和谐。

（6）佳作欣赏